Der vegetative
Positionsraster
Grundlagen der Areaktionslehre
Band V

ISBN 3-927993-04-2

Alle Rechte, insbesondere das Recht der Vervielfältigung sind vorbehalten.
Kein Teil dieses Werkes darf in irgendeiner Form (durch Fotokopie,
Mikrofilm oder ein anderes Verfahren) ohne schriftliche Genehmigung der
Videoform Beate Schroth GmbH reproduziert oder unter Verwendung
elektronischer Systeme verarbeitet, vervielfältigt oder verbreitet werden.
© 1991 Videoform Beate Schroth GmbH, Nibelungenstraße 24, 8560 Lauf.
Printed in Germany
Technische Überarbeitung: Beate Schroth GmbH
Fotos und Zeichnungen: Beate Schroth GmbH
Satz: Fotosatz Roth, Zum Steinbruch 24, 8500 Nürnberg 10
Druck: Offsetdruckerei Johannes Schlager GmbH, Eggenweg 17, 8510 Fürth/Sack
Bindearbeit: W. Stöckl, Nürnberg

Karl-Heinz Schroth

Der vegetative Positionsraster

Grundlagen der Areaktionslehre
Band V

Symmetrisches Bruchsystem
lebender Organismen

Inhalt

Glück, Zufriedenheit und Gesundheit als mechanische innere Ordnung	7
Die veränderbare vegetative Struktur	8
Die veränderbare eigene Struktur	16
Erste Gedanken über zwei elementare Verhaltensweisen	20
Die Berechenbarkeit von Verhaltensweisen	27
Psychotonische Einbindung	34
Der sensible Bereich	38
Zweiseitigkeit des Körpers – Der Zweimensch	49
Prinzip der Wirbelknochen	60
Aktiv-Verhalten kleinerer Zelleinheiten	65
Allergien, Juckreiz, Hautausschläge	68
Eine Entdeckung über die Struktur der Augeninnenflüssigkeit	75
Lichttherapie und ihre Wirkung	88
Aktivitätsgefälle in Lippen und Wangenfleisch	90
Meine rechte aggressive Seite	92
Kontrastverhalten der Wahrnehmung	97
Vegetatives Kontrastverhalten – Geschmack: bitter und süß	108
Flecken im Gesicht	121
Der S2-Bruch	134
Vegetative Einwirkungen schon vor der Geburt	142
Symmetrischer Bruch innerhalb der Körperseiten	143
Strukturbestimmung durch die Zahnstellung	147

Glück, Zufriedenheit und Gesundheit als mechanische innere Anordnung

Wir leben heute in einer Welt des Überflusses. Das Nahrungsangebot ist so hoch, wie nie zuvor: Konsumgüter, Freizeit und Lebensqualität sind in einem Ausmaß möglich, wie das bisher nie der Fall gewesen ist. Wir müßten die glücklichsten Lebewesen aller Zeiten sein und kommen aber mit uns selbst immer weniger zurecht. Krankheitstendenzen nehmen zu, ebenso die gesellschaftlichen Probleme der einzelnen Individuen. Es wäre so leicht um ausgeglichen, zufrieden zu sein, mit seinem Leben zurechtzukommen und gesund zu bleiben. Die Möglichkeiten sich mit interessanten Sachen zu beschäftigen sind so enorm − schafft vielleicht das Angebot, das übergroße Angebot an Möglichkeiten dieses Verhalten? Wenn ich sage, daß Zufriedensein und Gesundheit auf einer reinen mechanischen Basis funktionieren, man würde mich auslachen, wenn nicht das Thema viel zu ernst wäre oder ich das so aus dem Stand heraus behaupten würde. Wer aber die Bücher der Areaktionslehre kennt, wird langsam gelernt haben, daß unser Sein doch viel mechanischer abläuft, als wir bisher immer gedacht haben und daß in Wirklichkeit Zufälle als solches gar nicht möglich sind.

Alles, auch die Bewußtseins-Entscheidungen unterliegen diesen mechanischen Strukturen und sind deshalb berechenbar, vorausgesetzt, daß wir die Gesetze kennen. Damit ich nun die wichtigste aller Grundlagen darstellen kann, ist es wichtig, über so viele Einzelheiten, über Bereiche zu sprechen, die oft so gar nicht recht zusammenpassen. Aber zum Schluß fügt sich alles zu einem klaren Bild zusammen. Das wichtige Problem liegt in der Beeinflußbarkeit, sie ist immer nur möglich, wenn wir so gleichgewichtig wie möglich in der inneren Struktur ausgerichtet sind, so daß nur leichte Veränderungen die Tendenzen in die entsprechenden gewünschten Richtungen laufen lassen.

Die veränderbare vegetative Struktur und Persönlichkeit

Allgemein wird heute im Jahr 1991 angenommen, daß es sich bei der Persönlichkeitsstruktur um eine verhältnismäßig relativ feste Grundlagenstruktur handelt. Die über die momentane Situation hinaus unsere charakterlichen Eigenschaften bildet. Wobei die Verhaltensweisen, die wir aufgrund eines Charakterbildes erwarten, durch genetische Grundlagen entwickelt sind. Es werden Untersuchungen an den Gen-Strukturen unternommen um herauszufinden, ob sich charakterliche Eigenschaften bereits von ihnen ableiten lassen und ob sie im Gen deshalb manipulierbar sind. Aber auch unsere Umwelt ist ein Faktor, von dem wiederum andere ausgehen, daß sie uns doch zu einem großen Maße prägt. Beides ist richtig und beides ist auch falsch. Das Problem in der Ursachenfindung charakterlicher Eigenschaften liegt darin, daß wir unsere eigentliche Struktur in uns so gut wie überhaupt nicht verstehen, da sich in den wissenschaftlichen Bereichen bisher keine eindeutigen Unterscheidungsmerkmale finden, um eine exakte differenzierte Zuordnung von Positionen herstellen zu können.
Für unsere Persönlichkeitsstruktur und unsere charakterlichen Eigenschaften sind Genstrukturen ein Grundlagenträger, wie sich aber letztendlich ein Charakterbild entwickelt, wird dann doch durch unsere Umwelt mehr geprägt als wir erahnen, denn die Areaktionslehre fügt noch einen weiteren eigenständigen Faktor hinzu, die Positionsgrundlage der Raumstruktur. Wobei es sich bei diesem Faktor nicht um einen festen Bestandteil im Verhältnis zum Organismus handelt. Die Positionsgrundlage ist eine Grundlage deren Verbindlichkeit der Positionen für sich selbst steht. Also eine Position innerhalb der Strukturanordnung im Raum hat einen ganz bestimmten Wert, dieser Wert kann sich in einen Organismus so einprojezieren, so daß er an einer bestimmten Stelle eingegraben wird und dann entsprechend zu einer Re-

aktion oder Verhaltensweise führt. Wobei sich die Positionen innerhalb der Struktur verändern können entsprechend der Anwendung, so daß der Organismus entsprechend dieser Wirkungen auf die inneren Positionen gebaut wird und sich dementsprechend entwickeln wird. Das heißt aber auch, daß sich ein Individuum nicht nur im Laufe seiner Entstehung den gesellschaftlichen und umfeldlichen Positionen anpaßt, sich in seiner inneren Anordnung manifestiert, so daß er eine feste Position bei entsprechender Reife erhält. Es bedeutet auch, daß sich die inneren Werte auch bereits bei einer strukturellen angeordneten Charakterisierung noch wesentlich verändern können. Zumindest ist jeder Organismus zur inneren Umstrukturierung fähig. Was auch daran liegt, daß es sich bei der Positionsgrundlage und dem Zusammenspiel einzelner raumstruktureller Positionen um Verhältnismäßigkeits-Strukturen handelt. Das bedeutet dann auch, daß eine Tendenz entscheidender ist, als eine feste organische Grundlage, auch wenn sie sich in mühseliger Kleinarbeit bereits in eine spezielle Richtung entwickelt hat. Es ist deshalb immer und bei jedem Organismus entscheidend, wie er seine innere Struktur im Verhältnis zur Positionsanordnung verwendet.

Bei niederen Lebensstrukturen sind die Möglichkeiten gezielter veränderbarer Positionen geringer, als bei Lebensstrukturen, die ein Bewußtsein haben. Wobei überhaupt noch nicht so klar ist, ob Pflanzen vielleicht nicht doch eine Art Bewußtsein entwickeln können. Durch das Bewußtsein ist es möglich entsprechend der Reize, die auf einen Organismus treffen, ausgleichend einzugreifen und die Positionen einfach umzuschalten: durch Denken; durch viele Handlungen; auch durch direktes Eingreifen in die vegetative Struktur. Wobei eine der allerwichtigsten Möglichkeiten des Bewußtseins darin liegt, Reaktionen umzukehren, sich selbst umkehrend anzuwenden. Sich also rückwärts oder vorwärts anzuwenden und deshalb Reaktionen umkehren zu lassen. Deshalb spielt die Anwendung des Bewußtseins für die charakterliche und die momentane Verhaltensstruktur eine übergeordnete Rolle. Wenn nun aber, wie ich bereits erwähnt habe, charakterliche Eigenschaften mit der organischen Struktur zusammenhängen, dann kann sich folglich auch die Struktur eines Organismus durch eine veränderte Anwendung des Bewußtseins umstrukturieren, zumindest bei der Entwicklung steuernd eingreifen.

Leider geht die heutige Welt davon aus, daß man charakterliche Eigenschaften nicht von Grund auf verändern kann. Deshalb denken wir heute meist noch in einem Chaos, wenn es darum geht, Folgen von den Ursachen abzuleiten und umgekehrt. Viele beten dieses Chaos geradezu an, fressen sich hinein in die Unordnung, da sie Unterordnung mit Ordnung verwechseln, bleiben lieber blind und sehen die Ursachen von Auswirkungen nicht, sie sehen lieber weg, denn man könnte ja auf eigene Schwächen stoßen, die man doch lieber ignorieren will.

Vielleicht, so denkt man, ist es auch besser, wenn wir alles nicht so genau wissen, denn was könnte da alles ans Tageslicht kommen, könnten wir andere durchschauen und die könnten uns selbst dann ebenso durchschauen.

Deshalb wird zu leicht das Chaos und die Unwissenheit, das Wegsehen der Wahrheit vorgezogen. Denn Wahrheit und Wissen bedeuten meist immer auch Probleme und umdenken müssen. Denkgebilde, die man sich mühselig in diesem Chaos zusammengeschustert hat, würden da sofort zusammenbrechen und damit ein Teil der eigenen bisherigen Identität.

Was auch noch dazukäme, wäre die Tatsache, daß wir alles erkennen würden, die Ursachen aus jeder Handlung analysieren könnten. Dann wäre die Gefahr gegeben, daß wir nicht mehr wirklich leben. Wir würden nur noch beobachten und das Leben als solches mit seinen vielen Schattierungen einschließlich aller Gefühlstendenzen nicht mehr wahrnehmen. Wir würden wie die Roboter funktionieren. Die größte Gefahr und der größte Schädigungsfaktor des Menschen und auch des Tieres, das in Gefangenschaft lebt, ist die zu bewußte direkte Erfassung. Allgemein wird immer von mehr Bewußtsein, von mehr Lebensqualität durch bewußtes Leben gesprochen. Die Areaktionslehre aber erklärt, daß dies genau der springende Punkt ist, durch den wir unser Leben zerstören. Denn gerade durch bewußtes Leben, durch die direkte exakte Wahrnehmung hemmen wir uns in uns selbst ein und zerstören unsere Basis.

Wenn auch die meisten Autoren behaupten, daß der, der bewußter lebt, gesünder sein soll, dann möchte ich dieser Lüge entschieden entgegentreten und ihr widersprechen. Beobachten wir doch mal die Menschen, die am meisten krank werden, es sind doch immer die geduldigen, die, die sich zu sehr in die Bewußtseinserfassungsmaschinerie der Gesellschaft einspannen lassen und sich selbst dabei unterdrücken. Es sind die Menschen, die oft auffallen, wegen ihrer Gutmütigkeit und die, die immer an ihre Umwelt gebunden sind, die, die Gesellschaft ernst nehmen und bewußt der Dinge sind, die um sie geschehen.

Schon die Tatsache, daß durch die bewußte Konzentration eine Erhöhung der Atmung erfolgt, da sich die Bewußtseinsstrukturen beim Mechanismus bewußter Handlungen und Erfassungen in die vegetative Struktur einhaken und zu Reaktionen führen. Wir atmen dann mehr als wir brauchen und diese Atmungssteigerung erfolgt nicht aufgrund von mehr Leistung oder Bewegungsverhalten. Gerade die Atmungssteigerung während des Stillstandes eines Organismus, wenn wir uns überkonzentriert auf etwas richten, es bewußt erfassen wollen, mit all unserer Kraft, ist der Anfang vom Ende. Es ist der Anfang eines durcheinandergeratenen Systems. Denn erhält der Organismus zu viel Sauerstoff, muß er darauf reagieren und wird aus einer Schutzfunktion seine inneren Regelsysteme verändern müssen. Er kann dann nur mit verändernden Drüsenfunktionen eingreifen um diesen Sauerstoffüberschuß abzubauen und es entstehen viele Krankheiten durch dieses Verhalten. Vor allem, wenn die Ursache nicht beseitigt werden kann und der Organismus unumschränkt immerzu in sich die Atemluft hineinpumpt.

Streß ist nichts anderes, als unsere Probleme bewußt werden zu lassen, sie geradezu überbewußt in uns einzubauen. Ich habe dies ja über vier Jahre gemacht, indem ich mich fast jede Sekunde selbst kontrolliert habe, wie ich mein Bewußtsein anwende und wo ich es gerade halte. Ich habe versucht, jede Bewegung zu analysieren und dies führte fast immer letztendlich zur Einhemmung der gesamten vegetativen Struktur. Mein ganzes Leben habe ich immer versucht die Wirklichkeit zu sehen, so wie sie ist, ungeschönt direkt draufgehalten. Darin liegt auch einer der Hauptgründe meiner vielen Krankheiten, Asthma, Allergien usw. Wir müssen mit Klischees, wie bewußt leben, aufhören, eher müßte man sagen gefühlvoller, natürlicher und den momentanen Bedürfnissen entsprechend leben.

Ich habe mich schon mit einigen Leuten unterhalten, die Atmungsübungen machten, so wie das heute oft in den Büchern für Atmungstherapie steht und teilweise haben sie dieselbe Erfahrung gemacht, wie das bei mir der Fall war, daß durch die Bewußtmachung der Atmung die Verspannungen erst richtig eingesetzt haben. Durch dieses tiefe Luftholen die Probleme erst richtig begonnen haben. Auch hier liegen zwei grundsätzliche Fehler in der heutigen Therapie vor. Einerseits ist es unmöglich Atmungsprobleme mit Atmungsübungen zu lösen, es wäre genau das Verkehrte, denn wenn eine vegetative Verspannung besteht, indem bereits zuviel Konzentration auf den Brustkorb gelenkt wird, dann wird dies durch fast jede Art der Atmungsübung noch mehr verstärkt. Zum anderen wird häufig empfohlen kräftig durchzuatmen. Kräftig einatmen und kräftig ausatmen, – auch hier macht man genau das, was man nicht machen sollte, denn wenn Atmungsverspannungen bestehen, indem bereits zuviel geatmet wurde und im Blutkreislauf zuviel Sauerstoff ist, dann wird man hier auch das Falsche machen. Zudem kommt bei dieser

Übung noch dazu, daß die vegetativen Strukturen einseitig eingedreht werden, die Gehirnwellen, die mit den Körperwellen in Verbindung stehen, entwickeln sich einseitig, so daß große Schwingungen entstehen, die im Wachzustand zur Einhemmung und im Krankheitsfall zur weiteren Schädigung führen.

Wir müssen deshalb noch vieles, was wir heute kennen und glauben, daß es doch in irgendeiner Weise eine Ordnung besitzt abstreifen und neu beginnen, mit einfachen Denkgebilden, die logisch sind und eine Ordnung geben, mit der wir selbst weiterrechnen können.

So glauben wir, daß Persönlichkeit nicht berechenbar manipulierbar ist. Weder von anderen, noch von uns selbst. Es ist ebenfalls ein Irrtum.

Durch meine eigenen Versuche habe ich erleben können, wie sich durch die mechanische, veränderte Anwendung des Bewußtseins auch der Charakter, die Verhaltensweisen, ändern. Normalerweise ist es ja so: Wenn ein Wissenschaftler etwas erforschen will, dann nimmt er sich mehrere Versuchsobjekte und analysiert sie. Stellt er fest, daß die einzelnen Objekte, also Organismen verschiedene Werte aufweisen, z.B. in ihrem Verhalten, dann macht er einzelne Versuche mit den Organismen, um dann abzuleiten, was nun veränderte Reaktionen hervorrufen könnte. Da aber kein Wissenschaftler in einen anderen Organismus hineinschauen kann, bleiben am Ende aber immer nur Vermutungen. Selbst wenn er mit Menschen arbeitet, dann gibt es auch bei der Beschreibung soviele verschiedene Ansichten und Empfindungen der einzelnen Individuen, daß ein Ergebnis, das die einzelnen verschiedenen Charakterelemente berücksichtigt, nur ungenau sein kann.

Ein Arzt, der Patienten behandelt, mit Krankheiten im psychischen oder im vegetativen Bereich, kann nicht in diese Patienten hineinschauen, um sich ein Bild zu machen, was bei ihnen anders ist, als bei ihm, der vielleicht gesund ist.

Bei mir war dies nun anders. Indem ich viele verschiedene Stadien der Krankheiten durchgemacht habe und die Versuche sehr sorgfältig durchgeführt hatte, konnte ich auch bei schnellen Veränderungen der eigenen Struktur die Unterschiede erkennen. Ich konnte erkennen, wenn sich durch eine Übung die Empfindung verstärkte. Ich konnte viele einzelne Positionen beobachten, in den einzelnen Phasen, da ich in diesen vier Jahren sehr häufig zwangsläufig durch die Übungen nicht anders möglich, meine innere Struktur veränderte und damit auch meine Verhaltensweisen und charakterlichen Eigenschaften. So war ich mir selbst eine zuverlässige Versuchsperson, konnte immer von den gleichen Grundlagen ausgehen, wie die Übungen in den einzelnen Phasen wirkten, was im normalen Versuch an einer Universität oder in einem wissenschaftlichen Institut ja nicht in dieser Weise möglich ist.

Ich hatte also immer einen großen Vorteil, um die innere Struktur zu entschlüsseln. Nun habe ich aber bereits angesprochen, daß sich unsere Bedürfnisse und Eigenschaften verändern lassen, da sie mechanischen Strukturen unterliegen.

Aber nicht nur bei mir konnte ich diese exakten berechenbaren Veränderungen vornehmen, sondern auch anhand einer Versuchsreihe mit Pferden, kam ich zu denselben Ergebnissen.

Ich will in diesem Buch genauer über das Prinzip der zweigeteilten vegetativen Struktur eingehen und mich vor allem mit den vegetativen und psychischen Unterschieden zwischen der rechten und der linken Körperseite befassen.

Wenn wir ein Verständnis für die innere Anordnung der Lebensstruktur bekommen wollen, dann sind es gerade die Kenntnisse von der Verschiedenartigkeit dieser beiden gegensätzlich und doch gleichen Hälften, die jedes Leben bestimmen. Wobei die Positionen, die für sich selbst stehen die Grundlage darstellen und nicht spezifische Stoffe und Atome, sie stehen nur an zweiter Stelle. Denn die vegetative Struktur, ebenso das, was wir bewußtes

Erfassen nennen, sind nicht mehr als der Schall, der ja theoretisch selbst nicht existent ist, sondern nur eine Schwingung der Atome darstellt. So ist der Schall keine Sache, die eine feste Grundlage hat, sondern nur der Ausdruck einer gleichgeschalteten Bewegung. Die Atome sind Träger dieser Bewegung, sie selbst stellen aber auch nicht den Schall dar.

So ähnlich ist es mit dem Bewußtsein, das theoretisch nichts weiter als eine Schwingung ist in irgendeinem Bereich. Stoffe und Atome sind Träger dieses Bewußtseins und kein Teil einer lebenden Struktur kann eine Art Zentrum oder Schaltstelle des Bewußtseins sein. Das Bewußtsein ist immer im Ganzen vorhanden und ist unteilbar. Da aber Bewußtsein nichts weiter als eine Schwingung in einer organischen Struktur ist, unterliegt es als solchem nicht dieser Struktur, sonst könnte es nicht schwingen und die organische Struktur würde es sofort zum Stillstand bringen. Deshalb werden wir nun auch verstehen, daß dann folglich das Bewußtsein nicht dieser organischen Struktur unterliegt, sondern den Positionen als solchen, die immer nur für sich selbst stehen. Wobei ich aber anmerken muß, daß die organische Anordnung aber auch Wege schaffen kann. Bahnen entwickeln kann, auf denen sich das Bewußtsein bewegen muß und so lenkt die organische Anordnung unter Umständen doch zu einem gewissen Maße das Bewußtsein, so daß es sich nur über bestimmte Positionen bewegen kann. Verändern sich aber die Positionen, die ja der organischen Struktur nie unterliegen, dann verändert sich das Bewußtsein. Wobei nun auch zu verstehen ist, daß die vegetative Struktur und das Bewußtsein eine gemeinsame Einheit darstellt. Deswegen werden durch die Veränderung der Positionen auch die vegetativen Anordnungen verändert.

Durch die Inbeziehungsetzung der einzelnen Positionen werden die Tendenzen entwickelt, so kann man auch sagen durch einen bestimmten Positionscode wird unser Bewußtsein und werden unsere vegetativen Mechanismen in Gang gebracht und die Eigenschaften erzielt, die uns oft belasten und stören, aber auch viel Positives an sich haben können.

Die veränderbare eigene Struktur

Haben wir nicht schon selbst die Erfahrung gemacht, daß wir uns einmal so, einandermal ganz anders fühlen. Wie oft kommt es vor, da wissen wir vor lauter Hochmut nicht mehr wohin mit den Gefühlen. Einandermal sind wir deprimiert, aggressiv und gereizt und reagieren auf kleinste Störungen depressiv. Wie oft fällt es uns auf, daß wir uns unwohl in unserer Haut fühlen, kurz danach schlägt unsere Stimmung um und wir sind wie ausgewechselt. Ein andermal haben wir uns vielleicht daneben benommen, wollten dies gar nicht und können es uns selbst nicht erklären warum. Manchmal, da geht alles wie von selbst, einandermal klappt überhaupt nichts. Wenn wir schlechte Stimmung haben, verhalten wir uns aggressiv, danach verkriechen wir uns. Scheint wieder die Sonne, dann werden wir wieder überschwenglich und können die ganze Welt umarmen. Wir scheinen selbst nicht so fest in unseren charakterlichen Eigenschaften zu sein. Wobei der Eine gleichgewichtiger veranlagt ist, der Andere reagiert oft auf die kleinsten Schwankungen. Was aber immer bei diesen inneren Verschiebungen auffällt, ist die Tatsache, daß viele Verhaltensweisen und Tendenzen, die wir haben, uns sehr belasten und stören. Wir wollen sie oft nicht und können ihre Auswirkungen doch nicht verhindern. Es ist doch seltsam, daß soviele Menschen weniger Essen wollen und schaffen es nicht. Andere wollen nicht rauchen und können ebenfalls nichts dagegen machen. Wir wollen uns in einer anderen Situation wehren und uns nicht unterdrücken lassen und am Schluß werden wir doch durch die Situation überrumpelt. Wir wollen dieses und vieles andere nicht und trotzdem können wir dagegen nichts machen, müssen unseren Trieben (Stre-

bungen) folgen. Wenn ich etwas nicht will, dann ist doch das Einfachste, daß ich es nicht tue, aber das gerade erscheint eines der größten Probleme zu sein. Denn wir tun ständig und immerzu etwas, was wir eigentlich nicht wollen.
Man hat oft das Gefühl, daß da noch jemand in einem sitzt, ein Anderer, der immer etwas anderes will, als unser Wille. Wir haben oft das Gefühl, als ob wir aus zwei ganz verschiedenen Menschen bestehen, die oft in zwei verschiedenen Richtungen ziehen. In der Klassik teilt man diese zwei Grundvarianten in gut und böse und schafft eine Bewertung, die ihre gesellschaftlichen Vorteile hat und auch deshalb nur wegen der Gesellschaft entwickelt wurde. Aber gut und böse gibt es genausowenig, wie es auch den Schall gibt, es hängt einzig und allein von der gesellschaftlichen Trägertendenz ab, wie wir diese Bewertung der inneren gegensätzlichen Positionen wahrnehmen und ausrichten.
In der Tat ist es wirklich so, daß die Körperseiten auch eine punktsymmetrische Anordnung zueinander haben. Und das bedeutet, daß alles, was auf der einen Seite in einer positiven Form erfaßt wird, in jeder strukturellen Einzelunterordnung auch genau punktsymmetrisch erfaßt wird. Da aber auch unser Bewußtsein diese beiden in sich geschlossen gegensätzlichen Positionen hat, empfinden wir diese beiden gegensätzlichen Erfassungen als eine und die Differenz ist die Tendenz, die vermittelt wird und damit die Wahrnehmung schafft. Wenn ich den Raum sehe, dann sieht ihn eine Seite positiv, die andere dagegen genau punktsymmetrisch, wie eine Matritze. So liegt zwischen beiden Erfassungen der Unterschied darin, daß ich durch das Bewußtsein versuche, diese punktsymmetrische Anordnung aufeinander anzupassen, indem sie zusätzlich spiegelsymmetrisch angepaßt wird. Dadurch entsteht eine Differenz, die dann dazu führt, daß ich das, was ich sehe, als räumlich wahrnehmen kann. Das heißt aber auch, daß die räumliche Wahrnehmung eine Gefühlstendenz darstellt, im Prinzip ein reines Gefühl ist, das eine Differenzberechnung als

Grundlage hat. So kann man diese Gesetzmäßigkeit für weitere Berechnungen nehmen indem wir sagen:
Je mehr Differenz hergestellt wird, desto größer die Empfindung. Das bedeutet dann auch, daß Menschen die räumlicher wahrnehmen in den Handlungen ein größeres Empfinden haben, der Verbrauch an Empfindung ist größer, was bei Benutzung zur Entspannung und auch Müdigkeit führen kann. Menschen, die die Empfindungen während des Tages stark verbrauchen, können auch tagsüber schlafen. Es ist die Gruppe der Gefühlsmenschen, die auch durch den starken Verbrauch von Gefühlen und gleichzeitig von Lebensinhalten ihre Umwelt intensiver wahrnehmen, soweit es sich aber immer um Inhalte handelt, also schmecken, riechen usw.
Während Menschen, die weniger räumlich wahrnehmen, haben ein geringeres Empfindungsvermögen und so wird sich in ihnen ein Gefühlsaufstau bilden, der nicht verbraucht wird. Sie neigen deshalb dazu die Gefühle nachts verbrauchen zu wollen und deshalb bleiben sie meist abends länger auf, können auch oft nachts nicht schlafen, wegen ständiger Aufgewühltheit und starken Bedürfnistendenzen, die dazu dienen eine Möglichkeit zu finden die Gefühle zu verbrauchen. Wenn wir also abends ständig an den Kühlschrank rennen und etwas genießen wollen, dann auch deswegen, um Gefühlstendenzen zu verbrauchen, die sich tagsüber aufgestaut haben. Es ist wiederum die Gruppe, die sich sehr starr in die Umwelt einprojeziert, die in direkter Weise versucht wahrzunehmen. Weniger das räumliche gefühlvolle Bild, sondern das neutrale flächige Bild, das sich im Augapfel bildet, so wie das Bild einer Leinwand, das dann immer feste Positionen hat, ganz gleich aus welcher Perspektive wir es sehen.
Hier habe ich bereits schon die wesentlichen Charakterbilder und psychischen Struktureigenschaften gegensätzlicher Anordnung genannt. Denn diese zwei gegensätzlichen Eigenschaften bilden sich immer wieder heraus. So daß es Menschen gibt, die so oder

so sind, aber auch Menschen, die zwischen diesen Positionen gleichgewichtig oder schwankend ausgerichtet sind. Allgemein ist es aber so, selbst wenn eine bestimmte charakterliche Anordnung als grundsätzliche Tendenz vorhanden ist, dann unterliegt aber auch jede dieser extremen Charaktere beiden Verhalten, die sich einmal stärker und einmal schwächer, so oder so manifestieren können, zumindest für kurze Zeit.

Denn es ist ja nicht allein die Anordnung im organischen Bereich, die sicher auch eine gewisse Grundlage entwickelt mit den Jahrzehnten, sondern die Tendenz bestimmt uns im Hauptsächlichen. Jede Charakterstruktur ist deshalb wandelbar und veränderungsfähig. Wir unterliegen also ständig verschiedenen Tendenzen, die unsere charakterlichen Eigenschaften verändern, sie schwanken lassen, so daß wir jeden Tag in einem geringen Maße ein Anderer sein können.

Erste Gedanken über zwei elementare Verhaltensweisen

Dem Druck weichen oder ihm entgegentreten.

Über zwei grundsätzliche Verhaltensweisen hatte ich mir schon seit einigen Jahren immer wieder Gedanken gemacht. Es begann eigentlich, als ich meine erste Reitstunde hatte. Seinerzeit tat ich das auch nur, da meine Frau gerne reiten wollte. So ließ ich mich auch zu einer Reitstunde einladen. In der Nähe von Altdorf, in einem kleinen Reitstall, wagten wir uns das erstemal auf ein Pferd. Schon gleich nach dem Aufsteigen merkte ich, daß es mit meinem Gleichgewicht gar nicht recht weit her war und als das Pferd etwas scheute, da wurde mir die Sache einfach zu mulmig. Ich ließ mich lieber vom Pferd fallen, als mit Gewalt sitzenzubleiben und der Gaul würde mich dann vielleicht am Schluß doch noch abwerfen. Ich zog lieber die Flucht vor der Auseinandersetzung vor. Die Stunde ging aber dann weiter und ich sah mich dann doch die restlichen 60 Minuten auf dem Tier.

Der Reitunterricht war für mich bei dieser ersten Reitstunde doch etwas verwirrend und das lag vielleicht gar nicht so an den Begriffen, die man bei der Reiterei verwendet. Ich fand da keine Ordnung in den Hilfen, die man einem Pferd geben muß. Es schien im ersten Moment ein undurchschaubares System von Positionen benötigt zu werden, um ein Pferd so zu lenken. Ich kam mir nach der Reitstunde völlig durcheinander vor, fand nicht einmal den leichtesten Anhaltspunkt einer Orientierung, eines einzigen Faktors, den ich mir nach dieser Reitstunde merken konnte und den ich vielleicht wieder bei der nächsten Reitstunde anwenden konnte.

So ließ ich das Reiten sein, bis ich einige Monate später zum Westernreitstall kam. Ich probierte es noch einmal mit dem Reiten und siehe da, es war ein Unterschied wie Tag und Nacht. Schon die erste Reitstunde machte mir soviel Freude und die Hilfen, die man beim Westernreiten anwendet, schienen mir ganz logisch und geradezu einfach, so daß für mich klar war, daß es nicht bei einer Reitstunde bleiben würde. So konnte ich meine Reitkenntnisse in den Monaten darauf vertiefen und gerade weil das Westernreiten stärker auf die Bedürfnisse der Tiere eingeht, nimmt man auch vieles wahr, was beim traditionellen Reitstil nicht erkennbar ist.

Jedoch sind auch bei den Westernreitern alle Grundlagen des Lebens und damit der inneren vegetativen Strukturen nicht bekannt, auch da liegt vieles im Dunkeln. Deshalb wollte ich mich immer mehr spezialisieren, um ein Tier zu lenken. Nicht nur zufällig und durch vieles Üben sollte ein Pferd gezielt dirigiert werden können, sondern allein durch die richtige Reizeingabe, Situationen gelernt werden, die nicht eingeübt sind und vielleicht noch nie in dieser Folge durchgearbeitet wurden.

Um aber dies machen zu können, bedarf es erst einer genauen Kenntnis der inneren vegetativen Struktur und ich muß sagen, daß ich lange die genauen Zusammenhänge weder im Ansatz, noch im Detail, analysieren und erkennen konnte. Denn es gab da einiges, was sich immer widersprach.

Wenn ich einen Reiz auf einen Organismus ausübe, dann muß er nach meiner Vorstellung eine ganz bestimmte Reaktion auslösen und wenn alle Faktoren gleich sind, die des Organismus und die der Reizauslösung, dann müßte immer wieder dieselbe Reaktion ausgelöst werden. Auch durch die immer wiederkehrende gleiche Reizauslösung müßte immer wieder die gleiche Reaktion erfolgen. Wer sich mit dem herkömmlichen Reitstil und dem Westernreiten befaßt hat, weiß, daß gleiche Zielsetzungen oft mit den gleichen Hilfen und andere wiederum mit genau entgegengesetzten ausgeführt werden. Wenn ich ein Pferd nach rechts bekommen will, dann habe ich die Möglichkeit mit der Beinarbeit so vorzugehen, daß das Pferd mit dem rechten Fuß gedrückt wird und es um den Druck herumlaufen muß, also dann nach rechts geht. Ich kann aber auch mit dem linken Fuß Druck geben und das Tier weicht dem Druck aus und geht dann ebenfalls nach rechts.

Es sind zwei ganz verschiedene Reizgebungen, die aber beide die gleiche Reaktion auslösen können. Weiter ist mir aufgefallen, wenn ich mit einem Pferd aus der Halle ging, dann mußten die Hufe gereinigt werden. Wenn es zu nahe an der Tür stand und ich es zur Seite drücken wollte, dann gab es die Möglichkeit, daß es auf den Druck an der Seite so reagierte, daß es ihm wich. Es kam aber auch vor, daß es sich gegen den Druck legte, so als wolle das Tier gegen mich drücken.

Nahm ich ein Pferd am Halfter und wollte es irgendwo hinführen, dann gab es die Möglichkeit, daß es sich sträubte oder genau auf dieselbe Handlung so reagierte, daß es dem Druck nachgab und mir folgte. Es schien mir am Anfang, als ob dies alles eine reine Zufallssache war, wie ein Pferd reagierte, denn durch Üben kann man ein Pferd, das habe ich tausendfach durchprobiert, nicht so trainieren, daß es, wenn es am Halfter gezogen wird, immer automatisch folgte.

Heute weiß ich natürlich, wie das zusammenhängt, aber seinerzeit mußte ich mir die ganzen Zusammenhänge mühselig herausbeobachten und das Chaos von Reaktionen langsam beginnen zu entwirren. Aber mit der Zeit bekam ich ein gutes Gespür und mir viel immer mehr auf, daß da doch eine Ordnung dahintersteckte. Wenn ich vor allem mit einem Pferd, das unter psychischen Spannungen stand übte, dann war durch diese besondere Situation vieles zu erkennen, was sicher bei einem gesunden Pferd nicht so gut erkennbar ist. Denn ein eingehemmter Organismus ist nicht selbststeuerbar, sondern muß verbindlicher den Außenreizen folgen, so wie sie der momentanen Aktivgrundlage des Organismus entsprechen und wirken. Deshalb erkannte ich, daß leichtes Zie-

hen des Halfters bei einem entspannten Organismus vorwiegend die Reaktion des Folgens auslöste, während ein eingehemmter Organismus sich dem Druck versperrte. Wenn dann am Halfter gezogen wurde, stellte sich das Tier mit Sicherheit dagegen, ebenso, wenn das Halfter zu schnell mit einem Ruck gezogen wurde. Weiter konnte ich dann sehr gut erkennen, daß dieselbe eingehemmte Stute, die sich bei Streß noch stärker einhemmte, sich beim Galoppieren, beim Traben immer so anstellte, daß sie sich dem Druck des Schenkels entgegenstellte. Wenn ich nach rechts wollte und mit dem linken Schenkel Druck gab, daß sie diesem Druck weichen sollte, wie das ja jahrelang eingeübt war, dann drückte sie dagegen und ging nach links, auch die Zügelhilfen wirkten dann genau umgekehrt. Dieses Verhalten war aber immer nur zu erkennen, wenn sie unter Streß stand und hektisch wurde. War sie wieder entspannt, dann ging diese Stute ganz normal auf den Druck ein. So erkannte ich auch, daß es zwei grundlegende Bedürfnisse gibt und besser gesagt zwei verschiedenartige Reaktionen auf einen Reiz. Die, und das ist die besonders wichtige Erkenntnis aus diesen Beobachtungen, immer mit den Positionen des Bewußtseins zusammenhingen, also durch Streß oder Aufregung hervorgerufen wurden. Denn, wie wir in diesem Buch noch sehen werden, spielt dieses Wissen eine übergeordnete Rolle, wenn wir Reaktionen berechnen und analysieren wollen. Die Ursachen für diese Verhaltensweisen finden wir in der Anordnung und der anatomischen Grundlage der Chromosomen wieder und sie begleiten uns durch alle Ebenen unseres Lebens. Nicht nur, daß wir Menschen diese Verhaltensweisen ebenso haben, auch bei allen Tieren liegen viele Verhaltensweisen, die in diesem Bereich liegen, bereits im Gen verborgen und lassen sich durch die Anordnung erkennen.
Es gibt also zwei grundsätzliche Verhaltensweisen auf einen Reiz: einmal, daß dem Reiz entgegengetreten wird, einandermal, daß wir dem Reiz weichen.

Das bedeutet, daß es auch zwei grundlegend verschiedene Verhaltensweisen gibt, in dem Verhalten gegenüber von Spannungen. Einerseits besteht die Möglichkeit der Spannung entgegenzutreten, andererseits auch der Spannung zu weichen. Beides benötigen wir in gleicher Weise und wenn ich recht überlege, ergibt sich automatisch die dritte Grundlage, die in der Mitte steht. Nämlich die, daß überhaupt keine Reaktion erfolgt, daß der Reiz ausgeglichen wird und deshalb ein inneres Gleichgewicht bestehen bleibt.

So finden wir auch in unserem Leben viele Verhaltensweisen, in denen wir weichen, die Flucht ergreifen und den Problemen aus dem Weg gehen.

Das Gegenstück dazu liegt darin, daß wir auf den Druck zugehen, uns ihm entgegenwerfen, die Probleme aufarbeiten, sie gerade suchen und Konform auf jede Spannung zugehen, durch sie gehen und dadurch zur Auflösung kommen.

Aber auch die ausgleichende Reaktionstendenz kann erfolgen, wenn uns das alles kalt läßt, wenn wir uns gar nicht mehr aufregen können. Wenn uns die Probleme einfach nicht mehr interessieren und wir apathisch werden. Wie wichtig diese Grundlage ist, nicht

1. Kontrast-Verhalten   2. Zu-Verhalten   3. Ausgleichs-Verhalten

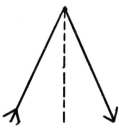

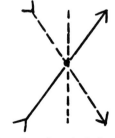

Dem Druck
entgegengehen
Spiegelsymmetrische
Überspielung

Dem Druck
weichen
Punktsymmetrische
Reaktion

Den Standpunkt halten
und auszugleichen
Doppelsymmetrische
Auskopplung

nur für die psychischen Verhaltensweisen, sondern für unsere körperlichen Probleme, werden wir noch allzu häufig erleben. Ich will hier auch eine Brücke bauen, so daß wir nach diesem Buch viel deutlicher als zuvor erkennen werden, wie psychische und physische Probleme zusammenhängen. Eine Verbindung aufzeigen, die geradezu sehbar wird und man in Zukunft nicht mehr abstreiten kann, daß alle unsere Krankheiten rein psychischer Natur sind oder besser gesagt, ihren Weg immer nur über das Bewußtsein bahnen.

Denn Chromosomen bilden Reaktions-Einheiten, sie stellen Grundlagen dar, die als Raster genommen werden können, um bestimmte psychische Ausgleichsverhalten zu entwickeln. So daß Fehlhaltungen direkt mit den einzelnen Zellen über die Gesamtstruktur verbunden sind und wenn wir in die vegetativen Prozesse mit unserem Bewußtsein eingreifen, dies bei Fehlbedienung bis zur Zerstörung, zumindest zur Schädigung der Zellen führt.

Ein Versuch, den man schon zu Freud's Zeiten machte war der, indem man eine Versuchsperson aufforderte sich gerade hinzustellen und die Augen zu schließen. Danach stellte sich der Arzt oder Therapeut hinter die Versuchsperson und drückte ihr mit der Hand gegen den Rücken, um zu testen, wie der Patient auf diesen Druck reagierte. Man versuchte auch über solche Reaktionsschemen herauszufinden, welche Personengruppe sich z.B. besser hypnotisieren ließe. Dabei gibt es auch drei Grundmöglichkeiten vegetativer Reaktionsverhalten. Die eine wäre wieder die, daß der Patient dem Druck entgegendrückt und quasi nach hinten sehr stark zurück schwingt. Die andere Gruppe wäre die, die nach länger anhaltendem Druck nach vorne beugt und dann unter Umständen einen Schritt vorwärts macht, also ein Zu-Verhalten zeigt wobei die dritte Gruppe stur und steif, wie ein nasser Sack stehenbleibt und den Druck ignoriert oder ausgleicht. Es handelt sich zwar um grundlegende Tendenzen einer Persönlichkeit, wie wir aber noch sehen werden, können diese doch bei starken, leichten oder schwereren schockartigen Ereignissen für einen längeren oder kürzeren Zeitraum umgeschaltet werden. Würden wir z.B. eine Person haben, der ein Vertreter etwas aufschwatzen will, so wird sie sich leichter überreden lassen etwas zu kaufen, was sie nicht will, wenn sie zu diesem Zeitpunkt gerade in einer Zu-Verhaltenstendenz steckt. Eine Struktur, die in der momentanen Situation ein Kontrastverhalten im vegetativen Bereich entwickelt, würde auch psychisch stärker abwehren. Da hätte der Vertreter keine Chance, auch wenn das Produkt vielleicht gebraucht werden könnte.

Durch Mechanismen kann deshalb die Struktur hin- und hergeschaukelt werden, so daß ein guter Vertreter dann auch den Punkt erkennt, rein gefühlsmäßig wahrnimmt, wenn eine zu überredende Person in einer Zu-Struktur steckt, auch wenn es nur ein Moment ist und dann mit der Unterschrift zuschlägt. Das sind dann die Situationen, wo wir uns hinterher fürchterlich ärgern, wenn wir etwas gekauft haben, was wir eigentlich gar nicht wollten oder brauchen. Es ist eine rein mechanische Strukturanordnung, die wenn wieder umgekehrt ist, uns erst wahrnehmen läßt, daß wir etwas gemacht haben, was wir eigentlich nicht wollten.

Ebenso ist es, wenn wir in einer Zu-Struktur stecken und eine intensive Umkehrung haben, starke Kontrastverhalten entwickeln. In sie sozusagen hineinfallen, dann tun wir ebenfalls Sachen, die wir hinterher nicht wollten, werden aggressiv und gereizt. Kommt die Struktur zur Umkehrung, können wir uns danach ebenfalls nicht mehr verstehen.

Ich habe in Band 3 ja bereits ausführlich über das Thema vegetativer Strukturverhalten geschrieben.

Die Berechenbarkeit von Verhaltensweisen

Verhaltensweisen und Ereignisse lassen sich nur sehr schwer im voraus bestimmen und berechnen. Sie unterliegen Verhältnissen, die so vielschichtig sind, wie das Wetter oder die Wellen des Wassers im Meer. Wobei es natürlich grundsätzliche Tendenzen einer organischen Struktur gibt, sie scheinen aber nicht immer und in jeder Situation verbindlich. Grundsätzlich müßte sich ein Organismus so verhalten, indem er dem Druck weicht. Das heißt, wenn an einer Stelle des Organismus angedrückt wird, dann hat er aus einer Schutzfunktion heraus das Bedürfnis diesem Druck zu weichen, denn wenn der Druck immer stärker wird, verursacht dies allgemein ab einer bestimmten Stärke Schmerzen.

Aber, da gibt es wie gesagt noch eine andere Tendenz und Verhaltensweise, indem der entsprechende Organismus dem Druck entgegendrückt und ihn damit noch verstärkt und das ist ein Thema über das wir in allen Einzelheiten sprechen müssen, denn nur wenn wir diese Prinzipien einordnen können, wird ein berechenbares Prinzip der Reaktionsgrundlagen erkennbar. Anhand dieser Sachlage will ich das Prinzip psychischer und physischer voraussehbarer Verhaltensweisen näher erklären. Denn, und da werden wir immer wieder darauf zurückkommen müssen, sind sie endgültig fast nicht möglich.

Warum? Das liegt einzig und allein daran, da wir bei diesem Beispiel den Druck (Reizintensität) der auf einen Organismus wirkt, nicht exakt bestimmen können, da auch der Organismus einen Wert im Verhältnis zum Druck hat. Ich habe viele Versuche unternommen, um am Pferd dieses Prinzip voraussagen zu können. Wobei ich immer wieder zu demselben Ergebnis gekommen bin. Grundsätzlich gibt es Tendenzen in den Verhaltensweisen bei Tieren, wie sie auf Druck reagieren. Sie richten sich nach folgenden Kriterien. Einerseits nach der momentanen Struktur des Tieres, also Körperseitenaktivitäten und innere Spannung. Zum anderen ist es entscheidend wo ich dem Tier Druck verabreiche und zum dritten ist es wesentlich, welcher Druck ausgeübt wird und ob durch einen vorhergegangenen Versuch z.B. eine Blockierung besteht. Aber auch die vegetative Einstrukturierung spielt eine Rolle, denn eine eingehemmte Struktur reagiert verbindlicher als eine mittig oder ausgehemmte Struktur.

Aber auch eine Umkehrung kann stattfinden, was daran liegen kann, daß sich eine Körperseite umgekippt anwendet, daß das Bewußtsein umgedreht wird. Wobei wie gesagt, eine Seite umgedreht werden kann, aber auch beide Seiten können bewußt umgekehrt werden und dann drehen sich unter Umständen alle Reaktionen um.

Diese Umkehrungen können durch Reize erfolgen, aber auch durch gedankliche Konzentration in Bezug auf Ereignisse, die zurückliegen oder erst erfolgen. Es gibt auch bei den Ereignissen, die zu einer Umkehrung in bestimmten Bereichen führen Stellenwerte, wobei der Unterschied in der Reizintensität oft sehr gering ist, der zu einer Umkehrung führt oder nicht.

Das Umkehrungsprinzip will ich durch die Beschreibung einer Verhaltensweise darstellen, die ich sehr häufig beim Reiten selbst erlebt habe. Eine Zeitlang ritt ich einmal bis zweimal die Woche eine Pintostute, die vegetativ eingehemmt war. Das heißt Asthma, leichte Dämpfigkeit, Anfälligkeit für Erkältungskrankheiten und Husten, usw. Das bedeutet, daß dieses Tier, wenn einmal bestimmte Reaktionsverhaltenstendenzen eingeübt worden sind, sehr verbindlich immer gleich auf Reize reagiert, auch wenn der Druck mal etwas stärker oder schwächer ist, also die Intensität der Hilfe, die man einem Pferd gibt, schwanken kann, ohne daß es dann einmal so oder so reagiert. Bei einem ausgehemmten Pferd ist das schon leichter der Fall. Mit einem eingehemmten Tier braucht man sich deshalb nicht damit herumzuärgern, daß es bockt oder den Reiter abschütteln will. Ich mußte mindestens einmal die Woche mit dieser Stute reiten, denn das war auch nötig, um sie wieder locker zu machen. Sie war zwar fast den ganzen Tag im Sommer auf der Koppel, aber die Arbeit mit dem Reiter bringt für ein solches Tier viele Tendenzen, die zur Aushemmung und damit zur vegetativen Lockerung führen. Das Tier bleibt deshalb gesund.

In diesem Fall war jedoch eine totale Einblockierung durch das Training zu verhindern. Also es war unbedingt nötig, daß dieses Tier geritten wurde. Wenn ich nun so ca. $^1/_2$ bis $^3/_4$ Stunde im Gelände war, dann machte ich mich wieder auf den Rückweg. Es ging meist ein Stück des Weges über die Straße, ein anderes Teilstück führte direkt ca. 200 Meter an der Straße entlang. Wenn diese Stute nun durch das Reiten locker wurde, kann man das an den Flanken sehr deutlich erkennen, sie pumpten nicht mehr gewaltvoll auseinander und zusammen, die Flanken waren locker geworden, der Bauch flatterte leicht beim Atmen und da wußte ich, der Ausritt hatte diesem unheilbar kranken Tier sehr gut getan. Nun wurde sie aber innerlich vegetativ und psychisch locker und reagierte sehr leicht auf Ereignisse. Wenn ich mit dem Fuß auf der linken Seite andrückte, dann ging sie nach rechts und umgekehrt funktionierte es ebenfalls sehr gut. Sie reagierte bereits schon auf den leichtesten Druck sofern deutlich zu erkennen war, daß es sich um einen Befehl handelte, denn es war durch ihre prinzipielle eingehemmte Struktur ein sehr braves und williges Tier. Nun ereignete es sich aber fast immer, daß entweder ein Auto vorbeifuhr oder daß z.B. eine Reitergruppe entgegenkam. Ich versuchte den Befehl, oder die Hilfe, wie man im Reiterchargon sagt, zu geben, daß sie außen am Straßenrand weiterging. Aber genau das Gegenteil trat ein. Sie drehte sich quer in die Straße hinein, da ich nun mit dem Zügel nachhalf, so daß Autos auf die andere Spur wechseln mußten. Es war jedesmal fürchterlich peinlich, denn die mußten alle denken, daß ich mit diesem Pferd überhaupt nicht zurechtkam. Immer wenn ich in dieser Situation war, klappte nichts mehr. Ich konnte Befehle geben, wie ich wollte, sie trat immer auf die Straße, so daß die Autofahrer meist erst mal anhielten bis ich nach einigen Versuchen quer in den Wald hineinritt, als dann das für das Ereignis verantwortliche Objekt vorbeifuhr, ging alles wieder ganz normal. Aber in dieser beschriebenen Situation probierte ich so alles aus, ich versuchte durch Druck mit dem äußeren Schenkel, ebenso mit dem inneren Schenkel, ich gab ihr etwas weiter hinten oder vor dem Sattel die Hilfe, aber es war immer nur eine Reaktion möglich, sie trat immer zur Straßenmitte hin. Es hatte sehr lange gedauert, bis ich dieses Prinzip verstanden habe. Man geht anfänglich immer davon aus, daß das Tier unwillig ist, es nicht will. Nur selten macht man sich in solchen Situationen Gedanken, daß das Tier vielleicht gar nicht anders kann. Daß es mich falsch versteht, daß sich einzelne Bereiche in diesem Tier umgekehrt haben und es immer falsch reagiert. Dann würde es auch nichts nützen, wenn ich den Druck verstärken sollte, denn wenn schon das höchste Druckniveau erreicht ist, dann kann durch noch mehr Druck keine Umschaltung erzeugt werden. (Eine ähnliche Situation besteht dann, wenn Kinder oft stur und unumkehrbar sind.) Ich würde dann nur immer energischer dem Tier die Hilfe geben und es wird immer wieder falsch reagieren, obwohl das Pferd selbst glauben wird, es hätte den Befehl richtig ausgeführt. In diesem Falle würde ich es dafür bestrafen, daß es sich richtig, von sich aus gesehen, verhält und bei jedem weiteren einwirken ihm deutlich machen, daß es durch richtiges Verhalten bestraft wird. Es würde für ein Tier das totale Chaos entstehen, daß es am Schluß überhaupt keine Orientierung mehr findet. So bliebe ihm am Ende nur noch das Aufbegehren oder die totale Unterwerfung, ohne sinnvolle psychische Gebilde aufbauen zu können. Es wird sich nach vielen solchen Fehlbehandlungen gesellschaftlich ausstrukturieren und keine Beziehung zum Reiter aufbauen können, es könnte nie so etwas wie eine Freundschaft entstehen. − Und das alles trifft auch auf uns Menschen zu. −

Ich will nun auf den Mechanismus eingehen, der dieses Tier in die mißliche Situation gebracht hat und damit auch den Reiter, also mich. Ich reagierte auf solche Situationen oft verzweifelt und hatte da nur noch das totale Chaos gesehen. Heute weiß ich, warum diese Stute so reagierte und deshalb kann ich ihr nun helfen, weiß zumindest, was ich in solch einer Situation nicht tun darf. Wer weiß, daß sich das Bewußtsein kippen kann, dem wird auch verständlich, daß sich dieses Tier, da es eingeritten war und locker wurde, nun auch mit seinem Bewußtsein rangieren konnte und so kam es dann immer, daß durch ein Ereignis die Seite, die zur Straßenmitte hinzeigte umdrehte, mit der anderen war dies nicht möglich, da sie am Straßenrand ritt und durch die kurze Entfernung zu den Bäumen weniger Spielraum hatte. Eine kurze Raumakustik wirkt ja hemmend und eine weite wirkt lockernd (Areaktionslehre 1). So war es nicht eine bestimmte Seite, die sich kippte, sondern genau diese, die immer zur Straßenmitte zeigte. Das bewirkte, daß sie automatisch die Mitte des Raumes suchte und die lag wegen der Bäume am Straßenrand eben in der Mitte der Straße. Da nun die Seite, die zur Straßenmitte hinzeigte gekippt war, einen Befehl erhielt, wirkte dieser so, daß die darauffolgende Reaktion umgekehrt wurde. Indem ich eine kräftige Hilfe gab, wich sie nun nicht mehr dem Druck, sondern es wurde ein Kontrastverhalten erzeugt, was bewirkte, daß sie dem Druck entgegenwirkte.

Wenn ich nun glaubte, daß die Befehle des Tieres nun alle umgedreht schienen und mit dem äußeren Schenkel nach innen zur Straßenmitte hindrückte, dann wich sie mit der äußeren Seite dem Druck, da diese nicht umgedreht, sondern nach vorne ganz normal ausgerichtet war. Also würde in jedem Fall der Druck durch eine einseitige Umkehrung immer bewirken, daß das Tier zur Mitte hintrat.

Das ist dasselbe Prinzip, wenn wir jemanden etwas befehlen wollen und er macht immer das Gegenteil. Wenn wir dann versuchen ihm das Gegenteil zu schaffen, damit er dann das macht, was wir haben möchten, dann macht er aber trotzdem das, was wir doch am Ende nicht wollten.

Aber Spaß beiseite, mit Pferden kann man sehr gut arbeiten und auf deren innere Struktur einwirken, vor allem kann deren Bewußtsein leichter gekippt werden, als das bei den meisten anderen Tieren der Fall ist. An einem weitern Versuch möchte ich das Prinzip der Strukturkippung verdeutlichen.

Eine andere Stute, die vegetativ eingehemmt und deshalb berechenbar steuerbar war, zumindest berechenbarer als ein vegetativ lockeres Tier. Ich ging mit ihr spazieren, damit sie sich an die Landschaft gewöhnt, was von Vorteil ist, wenn man im Gelände ausreiten will.

Nun ist es so, daß ein Pferd bestimmte grundsätzliche Verhaltensweisen entwickelt. Meist ist es so, wenn ich mit dem Tier ins Gelände gehe, ganz gleich ob ich nebenher gehe oder auf ihm reite. Soweit nur im Schritt gegangen wird, wird es meist langsamer, je weiter es von zuhause entfernt ist. Nach einer bestimmten Zeit wird es dann ungeduldig und will zurück, vor allem, wenn eine gute Stallgemeinschaft besteht. Auf dem Rückweg wird es nun immer schneller, wenn es in Richtung Stall geht, desto stärker muß man auch bremsen. Wobei ich wieder sagen muß, daß dies grundsätzliche Tendenzen sind, wenn man mit einem Pferd alleine ins Gelände geht. Es gibt auch Ausnahmen und wir werden anhand des Versuches sehen, warum es diese geben kann.

Ich ging mit dieser Stute nun ca. $^1/_2$ Stunde den Reitweg entlang und sie wurde nun immer langsamer, wenn ich ihr selbst die Geschwindigkeit überließ. Schon beim Umkehren merkte ich sofort den Unterschied. Sie versuchte zu beschleunigen und da mußte ich ständig bremsen, sie ständig quer zum Weg stellen, damit es langsamer ging. Ich hatte gerade die Kenntnisse über die Strukturkippungen erkannt und dachte mir: „Mal schauen, vielleicht kann ich dich doch etwas bremsen, so daß du freiwillig, von dir aus langsamer gehst und dein Bedürfnis umkehrst." Ich drehte sie wieder um und begann mit den Händen langsam Strukturbewegungen zu erzeugen. Da es ein eingehemmtes Tier war, hakte sie sich in diese Drehverhalten ein, das nun Tendenzen erzeugte die Körperseiten nach innen zu drehen und die ganze Struktur nach hinten zu stülpen. Also in Reihenfolge, einmal eine Drehung nach innen, eine Drehung nach hinten usw. Ich indizierte ihr mit den Händen großflächig dieses Drehverhalten. Sie ließ sich auch im ersten Moment überrumpeln und hakte sich in diese Drehtendenzen ein. Ihre innere Struktur mußte sich auch einhaken, denn sie hatte eine vegetative eingehemmte Struktur und wie auch beim Menschen und allen anderen Lebewesen führt dies zu einem Zu-Verhalten, eine solche Struktur ist verbindlich beeinflußbar (Areaktionslehre 3, Zu-Verhalten/Kontrastverhalten). Durch dieses Einhaken in die nach hinten drehenden Strukturdrehungen ihres Organismus, kippt sich erst mal ihre innere vegetative Struktur und das mit ihr verbindlich zusammenhängende Bewußtsein um, aber komplett.

Nun kehrten sich auch die inneren Verhaltensweisen um. Zum Gelände hin wurde sie nun schneller. Drehte ich sie zum Stall hin, so wurde sie, statt sonst üblich schneller, nun immer langsamer. Man konnte ihr ansehen, wie sie sich selbst einbremste. Man hatte richtig das Gefühl, daß ihre Struktur nun völlig umgedreht war. Anhand dieses Versuches können wir nun wieder sehr deutlich erkennen, was es mit einer Strukturkippung auf sich hat und wie sie wirkt. Was aber der Nachteil dieser Übung ist, sie läßt sich nicht beliebig wiederholen. So wie bei vielen Areaktionsübungen wirkt sie das erstemal besonders gut, dann flaut die Beeinflußbarkeit ab. Bereits nach dem dritten oder vierten Versuch wirkt nichts mehr. Auch hier wieder klar und deutlich warum. Hatte das Tier doch zuvor ein Zuverhalten und mußte sich beeinflussen lassen. Durch die Übung selbst wird ein Kontrastverhalten gefördert und gleichzeitig eine vegetative Lockerung, was zur Folge hatte, daß die bei weiteren Übungen entstehenden Assoziationen dieses Kontrastverhalten bereits vor die Übung nehmen würden und deshalb sofort eine doppelte Umkehrung stattfindet und eine Reaktion damit aufgehoben wird.

Psychotonische Einbindung

Anhand dieses Beispiels kann ich das Prinzip der vegetativen Struktur-Einbindung deutlicher beschreiben.

Allerdings komme ich zu dem Ergebnis, daß ich für den Begriff der vegetativen Struktur-Einbindung einen einfacheren Begriff verwenden muß, der dieses Prinzip deutlich hervorhebt.

Ich schlage „psychotonisch" vor, da diese Wortzusammensetzung ideal erscheint. Denn eine vegetative Struktur-Einbindung kommt immer zustande, wenn sich psychische oder vegetative Verhaltensstrukturen in ein Positionsgefälle einrastern (einbinden) und deshalb zu einseitigen Reaktionen führen.

Das heißt auch, daß durch psychische Vorstellungen und die damit entstehenden Spannungs-Potentiale zur Einbindung in die Spannungsbereiche der Zellen, auch der Muskelzellen, führen und deshalb sich selbst steigernde Verhaltenstendenzen bilden.

Wir haben bei der zuletzt beschriebenen Situation drei grundlegende Möglichkeiten der Struktur-Einbindungen in eine Positionsgrundlage.

1. *Struktureinbindung in die Position*
   vom Stall weg bremsend

   zum Stall hin beschleunigend

2. *Keine Einbindung in die Position*
   Vom Stall weg und zurück die gleiche neutrale Tendenz

3. Strukturumkehrung
Vom Stall weg beschleunigend

zum Stall hin bremsend

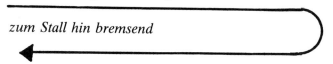

Natürlich gibt es auch hier noch weitere Unterordnungen und differenzierende Verhaltensmuster, wenn ein Pferd z.b. ständig in der Box steht und deshalb aufgestaut ist oder wenn ein längerer Ausritt stattfindet, aber auch wenn Pferde erschrecken und durch einen Grund nervös sind. Es wäre aber viel zu kompliziert auf diese ganzen Beziehungen einzugehen.

Grundsätzliche Schemen lassen sich immer am besten innerhalb eines eng umgrenzenden Zeitraumes, innerhalb kurzer abgeschlossener oder symmetrischer Ganzheiten, wie z.B. die Ausführung eines Kreises, feststellen.

Eines ist bei diesem Versuch deutlich geworden, daß es über bewußte Konzentrationen möglich ist die Werte und inneren Strebungen eines Pferdes umzukehren. Wobei eine Umkehrung und eine Strebungsänderung nur zustande kommen kann, wenn auch eine Einbindung psychischer Bewegungen (in diesem Fall Drehverhalten) in die körperliche Struktur vorgenommen wird. Man kann sich eine Bewegung einfach vorstellen, ohne daß eine Einbindung zustandekommt. Mann kann aber auch ganz massiv eine Einbindung vornehmen, indem man ganz intensiv versucht, diese Vorstellung in die vegetative Struktur einzubauen.

Also um vegetative Strebungen zu verändern bedarf es der festen psychotonischen Einbindung, sie verändert die elektromagnetischen Spannungen im Gewebe und den Muskelzellen und dies bringt den gesamten Organismus in eine bestimmte Situation,

einer spreizenden oder beschleunigenden, was dann entsprechende Tendenzen und Strebungen verursacht.
Ein weiteres Beispiel für Verhaltensstrukturen innerhalb eines Positionsgefüges möchte ich hier noch anschneiden.

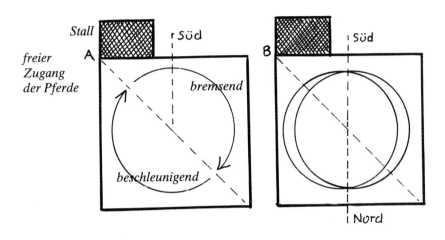

Bei einer Stallung, die ein angrenzendes Stück Koppel hat, sind hier sehr deutliche Beobachtungen zu machen, vor allem, wenn die Tiere nach Belieben auf diesen Platz können. Er wird dann als eine Art fester psychischer Bereich mit starren Positionsregeln in die Psyche eines Tieres eingebaut. Auch hier hatte ich die Gelegenheit unter solchen Bedingungen einige Beobachtungen zu machen.
Zeichnung A:
Beim Reiten auf einem quadratischen Platz im Zirkel entsteht ebenfalls ein Positionsgefälle und damit auch ein Reaktionsgefälle. Wobei ein strukturell eingehemmtes Tier grundsätzlich vom Stall weg langsamer wird und zum Stall hin beschleunigt. Natürlich kann man hier durch einige Kniffe das System verändern.

Zeichnung B:
Auch beim Longieren mit zwei Pferden bestehen innerhalb der ersten Runden vegetative Positionsverdrehungen. Wobei sich beide Pferde jeweils nach der Hälfte eines ausgeführten Zirkels überschneiden wollen.
Dasselbe Verhalten ist bei Fohlen zu beobachten, die mit der Mutterstute in den Zirkel gebracht werden. Nach jedem halben Kreis der getrabt wurde, versucht das junge Tier auf die gegenüberliegende Seite der Mutterstute zu kommen. Nach einigen Runden jedoch bildet sich dann ein grundsätzliches Schema, indem das eine Pferd dann grundsätzlich immer außen läuft und das anderen innen oder beide laufen in einer ganz bestimmten Ordnung hintereinander.
Ich muß hier kurz noch einfügen, daß ich diese Übungen mit Pferden gemacht habe, die doch sehr die Möglichkeit hatten sich verhältnismäßig frei zu entwickeln, sei es durch einen lockeren Westernreitstil, zum andern wurden die Stuten wegen ihrer Trächtigkeit einen langen Zeitraum nicht geritten.

Der sensible Bereich

Aber auch in diesem Bereich sind durch leichte Veränderungen, Reaktionsumkehrungen möglich. Das heißt, alles was eine Wirkung auf die Ausübung einer bestimmten Verhaltensweise hat, wirkt in den verschiedenen Bereichen auch verschieden sensibel. Eine Grundsätzlichkeit ist vor allem darin zu sehen, wenn ein Tier unter etwa gleichen Bedingungen durch die Druckstärke in seiner Verhaltensweise analysiert werden soll. Bei leichtem Druck besteht die Möglichkeit einer differenzierten Umschaltung. Gerade dieser Bereich ist ein sehr sensibler Bereich, im Gegensatz zu einem starken Druck. Wenn ich ein Pferd mit einer inneren mittigen Anordnung etwas stark an die Rippen drücke, dann wird es dagegenschieben. Wenn ich den Druck erhöhe, dann wird es ab einer bestimmten Stärke weichen, wenn ich dagegen noch stärker drücke, dann wird es wieder dagegendrücken, usw.
Es ist ja ein Prinzip der Westernreiterei, indem ein Pferd dem Druck weichen soll. Im Gegensatz zur klassischen Reitweise, wo das Pferd um den Druckpunkt herumgeführt wird, ihm praktisch entgegentreten soll. Beide Reitweisen sind ganz verschieden und doch kann man mit der einen sowie mit der anderen sein Pferd ganz exakt steuern, wenn man die Reitkunst richtig beherrscht. Was für den Laien unverständlich ist, denn wie kann man bei einem vegetativ funktionierenden Tier ganz verschiedene Befehle geben und es macht trotzdem was gerade von ihm verlangt wird.
Beim Westernreiten setze ich die Schenkel rechts an, wenn ich nach links will, in der anderen Reitweise dagegen links, wenn ich ebenfalls nach links will. Was vor allem das Verblüffende ist, daß ein und dasselbe Pferd auch unter zwei Reitern mit diesen ganz gegensätzlichen Reitweisen zurechtkommen kann.
Woran liegt das? Die Lösung ist ganz einfach, denn die Druckstärke ist eine entscheidende Position. Denn besteht zwischen

den beiden Reitern ein verändertes Druckgefüge, dann wird das Pferd nach kurzer Übung auf den Reiter eingepaßt sein und so paßt sich auch der Reiter dem Pferd an, denn nur eine leichte Veränderung im sensiblen Bereich wird genau die entgegengesetzte Reaktion ausführen. Denn der Reiter wird auch den Befehl, der wirksam war, in der entsprechenden Stärke wieder ausführen und sich so in Wirklichkeit dem Pferd anpassen. Denn Reiter müssen üben, üben und üben, da man ja glaubt dem Tier etwas beibringen zu müssen. Ein guter Reiter ist der, der gefühlvoll und vegetativ veranlagt ist und sich sensibel dem Tier geradezu unmerklich anpaßt. Als der, der dem Tier seine eigenen Eigenschaften aufzwängen will. Es besteht sozusagen eine Symbiose zwischen Reiter und Pferd und nur diese Symbiose führt zum Erfolg.

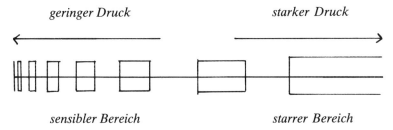

Wenn ich die Verhaltensstruktur bei der Anwendung von Druck darstelle, dann gehe ich von der drucklosen Situation aus bis hin zur stärksten Druckanwendung. Wobei auf dieser Skizze die einzelnen Bereiche dargestellt sind, die jeweils zu einer Umkehrung der Reaktion führen.

Im sensiblen Bereich bestehen die meisten Variationsmöglichkeiten. Hier kann das Tier auch entsprechend der Situation am leichtesten seine innere Struktur so anwenden und durch das Bewußtsein rangieren, daß es sich in die eine oder genau in die entgegengesetzte Verhaltensweise einrastet.

Auch der Reiter kann in dieser Situation durch leichte Veränderungen des Druckes sehr gut auf ein Tier einwirken. Wenn nun der Druck stärker wird, dann wird sich eine bestimmte Verhaltensweise und Reaktion immer stärker herauskristallisieren, dem Druck weichen oder ihm entgegentreten.
Hier ist es für ein Tier wesentlich schwerer seine innere Struktur umzuschalten. Ist es bereits in die falsche Tendenz eingerastet, dann ist es auch üblich, wenn das Tier nicht funktioniert, daß dann der Druck erhöht wird, mit den Schenkeln mal kräftig angeschoben wird. Was dazu führen soll, daß nun in einer höheren Druckebene eine Reaktion hervorgerufen wird, die entgegen der vorherigen erfolgte.
Wir sehen aber auch, daß es, wenn der Druck immer stärker erhöht wird – sich unter Umständen nach oben ausweitet – immer schwerer wird das Tier reaktiv und vegetativ zu steuern, denn ein Umschalten bei einer Fehlhaltung wird immer weniger möglich, je höher man auf dieser Druckspirale nach oben geraten ist. So ist der Reiter, der nur ganz zart seine Hilfen gibt, der, der Erfolg haben kann, rein aus einer mechanischen Struktur dieser Reaktionsordnung. Dasselbe passiert auch, wenn ich ein Pferd in einen Hänger laden will und es sich weigert. Da kann man ziehen und schieben, wie man will, es wird blockiert sein und sich lieber den Kopf abreißen lassen. Dagegen lasse ich dem Tier die Möglichkeit sich umzuschalten, versuche ich es nach einer Ruhepause mit leichtem Druck zu überlisten. Dann wird es mir folgen, da ich ihm die Chance gegeben habe ein Zu-Verhalten zu entwickeln. Besteht nun ein Zu-Verhalten, dann wird es mir folgen, solange kein Reiz gegeben wird, der groß genug ist, um wiederum ein Kontrast-Verhalten zu entwickeln.
Was ist nun die eigentliche Ursache der Umschaltung oder was wird da umgeschaltet, ist es ein inneres Pendel, eine Scheibe, die sich verdreht, oder was ist es sonst? Diese Frage ist in ihrer Gesamtheit sicher nie vollständig zu beantworten. Eines ist gewiß,

daß es sich um die einzelnen Bereiche in der Druckstärke, um Reaktionsbereiche handelt, die über eine punktuelle Position eine Spannung weitergeben. Jede Reaktion hat eine Gegenreaktion zur Folge. Jedes Bedürfnis hat ein Gegenbedürfnis in sich. Jede Handlung führt zur Antireaktion. Jede Reaktion, gibt sich durch Umkehrung weiter, über eine punktuelle Umkopplungsposition. Das große und größte aller Geheimnisse liegt darin, daß das Gegenteil aber auch dasselbe sein kann. Denn unser Raum ist in sich selbst gebrochen und das gibt die Möglichkeit eine Umkehrung herzustellen, die genau gegensätzlich sein kann, aber trotzdem auf der gleichen Ebene liegt. Wobei gegensätzlich nichts anderes als gleich ist. Das bedeutet, daß unsere Raumstruktur zwei Ebenen hat, die über zwei Wege verbunden sind, was die räumliche Anordnung des Raums in unserem Universum illusioniert. Denn die gegensätzliche Raumstruktur kann einerseits über die spiegelsymmetrische Anordnung, aber auch über die punktsymmetrische erreicht werden. Wir erhalten jeweils die gleiche Reaktionskopplung, aber mit verschiedenen Ergebnissen, da der Reaktionswert dann zur Ursache anders stehen würde. Die Raumebenen sind in doppelter Weise mit sich selbst verbunden. Wenn ich A mit B (also das Innen mit dem Außen) verbinden will, dann geht es, indem ich den Würfel nach außen oder nach innen umstülpe und verdrehe. Wobei es nun zwei Wege gibt, die zum selben Ergebnis führen.

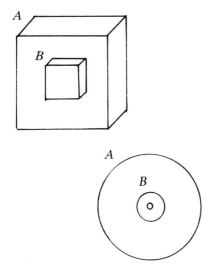

Das Ergebnis ist gleich und gilt mit Beendigung der Reaktion als vollbracht. So ist dann das, was wir als Reaktion erkennen normalerweise nur der

Weg und damit die Tendenz, die eine Handlung bestimmt. Wenn ich von A nach B kommen will, dann ist dieses durch den Würfel möglich, aber auch um ihn herum. Die Reaktion, wenn ich sie als den Weg beschreibe, ist also immer die Tendenz, die ich wähle, um eine Reizung zur Auflösung zu bringen. Deshalb wird die Handlung immer von der Tendenz, also dem Weg bestimmt. Nach diesem Modell werden wir auch verstehen, daß es prinzipiell völlig gleichgültig ist, für die Reaktion selbst, da sie zwei Wege gehen kann, der sich spiegel- oder punktsymmetrisch äußern kann und nach Kleiner oder nach Größer ausgerichtet wird. Und die Tendenz an sich von solch einem geringen Unterschied der Positionen bestimmt wird, so daß sich Reaktionen bei lockerer Reizwirkung im besonderen überhaupt nicht berechnen lassen. Sollen deshalb bestimmte Reaktionen erfolgen, bedarf es eines immer korrigierenden Systems, das sich unaufhörlich ausgleichen muß, um nicht dauerhaft in einer bestimmten Verhaltensweise hängenzubleiben. Aber auch ständig nachkorrigieren muß, damit die inneren Positionen richtig angeordnet werden, im Verhältnis zur Anwendung des Organismus.

Stehen wir unter starkem Druck, unter gesellschaftlichem oder psychischem Streß, dann besteht ebenfalls nur eine sehr geringe Möglichkeit die innere vegetative Struktur umzuschalten und ausgleichende Tendenzen herzustellen. Hier gilt das gleiche Prinzip, indem eine Umschaltung immer schwieriger wird, je stärker der psychische Druck ist. Denn unsere Psyche muß sich ebenfalls, wie die gesamte innere vegetative Struktur, in einzelnen Bereichen immer umschalten, so wie der Herzschlag ein ständiges Umschalten zwischen den beiden grundsymmetrischen Positionen darstellt. Unsere Psyche ist ja ebenfalls gleichzeitig punkt- und spiegelsymmetrisch angeordnet, und kann sich nach „Kleiner" oder nach „Größer" umkehren. Haben wir ein Zu-Verhalten, also eine spiegelsymmetrische innere Anordnung, dann ist durch einen starken Verhaltensdruck eine Umschaltung nicht möglich, es

entsteht immer mehr einseitige Spannung und punktsymmetrische Strukturen vermindern sich. Was auch zu Schädigungen nicht nur der Psyche führt, sondern sich vorwiegend in den Zellbereichen und hormonellen Auswirkungen niederschlägt. Psyche und Körper sind so eng miteinander verbunden, daß wir auch sagen können, beides ist dasselbe, denn die Differenzierung ist so gering. Hier gilt wieder das grundsätzliche Prinzip:
Spiegelsymmetrische Verhaltensweise ist Zu-Struktur, also geringe Schweißbildung, Beeinflußbarkeit, trockene Haut, Verspannungen und ständiger innerer Druck und Ratlosigkeit, psychische Vergrößerungstendenzen.
Punktsymmetrische Verhaltensweisen sind vorwiegend Kontrastverhalten, Neigung zur Aushemmung und Energielosigkeit, reflektives Verhalten, Verkleinerungstendenzen, hohes aggressives Verhalten und ständiges Kontrastverhalten in allen Bereichen, stärkere Verkleinerungstendenzen.
Die großen Reizbereiche geben also immer einen exakteren und berechenbaren Reaktionswert. Der Organismus kann darauf reagieren und seine inneren vegetativen Verhaltensstrukturen darauf abstimmen. Der sensible Bereich ist der unberechenbare Bereich, denn schon die leichtesten Schwankungen lassen deshalb auch die größeren Reaktionsumkopplungen in der symmetrischen Anwendung zu. Es können sich im sensiblen Bereich durch leichteste Veränderungen Schwankungen in den Verhaltensweisen erkennen und steuern.
Wenn ich das auf das Reiten beziehe, dann kann schon die leichteste Veränderung entgegen der üblichen Gewohnheit eine Reaktionskopplung bei den gleichen Werten der Anwendung finden. Reite ich seit Wochen oder Monaten zu Beginn des Trainings immer erst rechts herum, wenn ich in die Halle komme, dann kann sich das Pferd in den sensiblen Bereichen entsprechend einordnen und einspielen, um bei jeder darauffolgenden Handlung das Richtige, entsprechend meiner Befehle, zu tun. Wenn ich aber

nun einmal entgegengesetzt reite und bei Beginn des Trainings die ersten Runden links herum absolviere, dann kommt dieses System durcheinander, denn schon eine Richtungsänderung bei Beginn einer Reitstunde kann den ganzen sensiblen Bereich durcheinander bringen und es klappt dann überhaupt nichts mehr. Die Symbiose gerät ins Wanken, da die erste Voraussetzung bereits durch eine Umschaltung der inneren Symmetrieanordnung der Verhaltensreaktionen durcheinander geraten ist und deshalb alle Reize und Hilfen, die ein Pferd dann auch wieder im sensiblen Bereich bekommt, genau entgegengesetzte Strebungen im Symmetriebereich bewirkt.

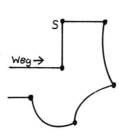 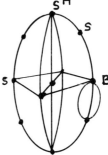

Will man sich einen Weg merken, so empfindet man diesen Weg als ein Gebilde, das sich in ein Bruchschema aufgliedert. Wobei jeder dieser Brüche (S) eine symmetrische Brechung in der Wahrnehmung verursacht, so wird ein Rastersystem in das Gehirn eingebaut, das starr und exakt nachvollzogen werden kann.

Stellen wir uns das Prinzip der vegetativen Positionsachse vor, so wird deutlich, wenn wir diese symmetrischen Brüche räumlich verwenden, es eine Unzahl von symmetrischen Überspielungen gibt. Wobei sich wahrscheinlich nur drei grundlegende Symmetrien herauskristallisieren. Zum einen die Punkt-Symmetrie und zum anderen die Spiegelsymmetrie. Ob es eine Drehsymmetrie überhaupt gibt, vermag ich anzuzweifeln.

Es gibt aber noch ein weiteres symmetrisches System, was noch genauer zu analysieren wäre, wobei ich hier noch keinen Begriff festgelegt habe. S = bedeutet symmetrische Überspielung oder symmetrischer Bruchpunkt. Ganz gleich welche Variante ich aus der räumlichen herauswähle, sie läßt sich immer aus punkt- und spiegelsymmetrischen Positionen zusammensetzen, es sind also grundsätzlich immer die beiden Symmetriewerte in einer symmetrischen Brechung vorhanden. Wobei aber auch eine Vorstellung zwischen zwei Symmetriebrüchen (B) genommen werden kann und dort sozusagen in einer kleineren Einheit das System vergrößert wird, indem der Raum zwischen diesen beiden Symmetriebrüchen durch eine Überspielung der gesamten Positionsachse hergestellt wird.

Wir können das Prinzip symmetrischer sensibler Strukturbrechungen auch auf unser Leben beziehen, denn auch dort gelten die gleichen Gesetze. Je differenzierter die Anwendung der Struktur, desto unberechenbarer werden die Verhaltensweisen. Das beginnt schon bei der Erziehung von Kindern, denn je zarter und differenzierter wir mit ihnen umgehen, desto schwieriger werden sie erst mal, da sich eben im sensiblen Bereich weniger beeinflussen läßt, der Freiraum für innere Umschaltungen größer ist. Das gibt gerade große Probleme, da ja Kinder noch sehr vegetativ funktionieren und die Verhaltensweisen in der frühen Kindheit deshalb sehr reflektiv sein können. Auch hier gibt die Ordnung eine feste Grundlage, nicht nur für unsere eigene psychische Gesundheit, vor allem aber für die innere Strukturanwendung und für den Gleichklang des noch jungen Menschen ist eine äußerliche Ordnung wichtig, denn sie schafft gerade im sensiblen Bereich feste Positionen und Reaktionsstrukturen.

Nun verstehen wir langsam aber auch, warum alles Leben eine Ordnung braucht, vor allem in den eigenen Verhaltensweisen, denn die Verhaltensweisen selbst stellen den sensiblen Bereich dar, der schon bei kleinsten Veränderungen zu entgegengesetzten Verhaltenstendenzen führt. Druck und Anpassungsdruck, wie z.B. beim Militär, schafft unsensible Verhaltensstrukturen und

deshalb wird ein Organismus, der unter starkem Druck steht, berechnungsmöglich und kann dadurch besser dirigiert werden. Nicht wegen der momentanen Ordnung, sondern wegen der langfristigen inneren vegetativen Anordnung. Und so albern das auch klingen mag, wenn ich einen Soldaten jeden Morgen immer zur gleichen Zeit unter Druck setze, bevor der Tag beginnt, dann wird er gleicher und berechenbarer funktionieren, als wenn es ihm selbst überlassen bleibt, wie er jeden Tag aufsteht und mit sensiblen Varianten seinen Tag beginnt. Es ist nicht nur ein Schutz für die Funktionsfähigkeit des Organismus, sondern auch ein Schutz gegenüber krankmachenden Tendenzen. Deshalb streben wir alle eine Ordnung an und wissen oft gar nicht welche Ordnung wir eigentlich wollen und lassen uns unter Umständen von falschen Bildern leiten, da das Ordnungsbestreben so groß ist.
Auch Zusammenhänge zwischen Suchen und Ordnung bestehen. Wenn eine hohe Suchtendenz vorhanden ist, besteht auch eine hohe Ordnungstendenz und das kann man ausnützen. Viele Glaubenslehren machen sich dies zunutze, gerade die fernöstlichen Gurus sind darin Meister.
Wenn wir abends am Tisch beim Essen sitzen, dann kann schon durch einen veränderten Sitzplatz am Tisch die innere Ordnung durcheinandergebracht werden, da es sich um einen sensiblen Bereich handelt. Die Folge kann schon bereits ein falsches Eßverhalten werden, das uns dann am Schluß den ganzen Appetit verderben kann. Ebenso ist es beim Schlafen. Wenn wir immer in einer bestimmten Position einschlafen. Schon die leichteste Veränderung kann das ganze System durcheinander bringen und sensibel falsche Reaktionen heraufbeschwören, die wir im Schlaf nicht mehr ausreichend korrigieren können. Wenn wir die Seiten im Bett wechseln, kann das Erkältungen und vegetative Störungen zur Folge haben, die sich dann erst nach längerer Anwendung wieder neutralisieren. Wer also ständig seine Verhaltensweisen ändert kann sich selbst nicht berechnen und wird oft auf viele

Sachen anders reagieren, als er selbst will. Da man sich selbst nicht mehr steuern kann, denn die Verhaltensweisen der vegetativen Struktur werden immer unberechenbarer, je sensibler Änderungen vorgenommen werden. So hat auch der, der feste und starre Verhaltensweisen hat; auch wenn er oft gar nicht weiß warum er sich so oder so verhält, warum er selbst einfach etwas macht und sich dies gar nicht erklären kann, warum er es so macht. Sondern auch eine innere Abwehr hat, sich nicht beim Abendessen auf einen anderen Platz zu setzen – sich weigert – ohne daß da ein Grund wäre. Der hat auch ein starkes Ausgleichsempfinden und wird immer gesund und reaktiv bleiben solange er diese inneren Strebungen hat und ihnen nachgibt. Dieser Typ steht aber immer unter Druck und Spannungen, die die Konfrontation mit der Gesellschaft und anderen Mitmenschen nicht vermeiden läßt, durch seine eigenen festen, starren Verhaltensweisen und einem nicht Abrücken von eigenen Vorteilen und Standpunkten. Deshalb hat diese Struktur auch festere Positionen, denn es ist ja der Druck, der höhere feste Wert, der immer gleiche Reaktionsverhalten und berechenbare Umschaltungen verursacht. Die Schwellen-Werte für eine entsprechende vegetative Umschaltung immer weiter auseinander liegen, je stärker der Druck ist. So kann sich eine solche Struktur aber auch leichter in eine feste Position verhaken und das hat eben seine Vorteile und auch Nachteile.

Hier handelt es sich, wie man meinen könnte, um Verhaltensweisen, die gesamtheitlicher Natur sind, also immer den ganzen Körper betreffen, einen Organismus in seiner Gesamtheit darstellen. Aber auch auf die Körperseitenbezogenheit bestehen Differenzierungen in den Verhaltensweisen. Als ich das mit dem Pferd beschrieb, wenn es zu Beginn des Trainings entgegen der gewohnten Richtung geritten wurde, dann bringt dies noch einen weiteren Aspekt ins Spiel. Denn wenn ich die Körperseitenaktivität mit einbeziehe und daß auch hier Umschaltungen entsprechend der

Aktivität hergestellt werden, dann scheint es auch so zu sein, daß sensible Verhaltensweisen viel stärker auf Schwankungen der Körperseitenaktivität wirken. Wer Band 1 der Areaktionslehre kennt und meine Versuche mit der Raumakustik durchgelesen hat – sie auch richtig verstand – der wird verstehen, welche überdimensionale Reaktionsgrundlage durch diese Körperseitenaktivität in der Zellstruktur erzeugt wird. Denn hier besteht eine Verhältnismäßigkeits-Reaktions-Tendenz, die zu Umschaltungen von Reaktionen führt. Die Körperseite, die etwas aktiver ist, hat ja immer die entsprechenden gegensätzlichen innerzellulären Strukturanordnungen und Reaktionsverhalten, wie sich durch die Innervierung der Atmung darstellen läßt.

So gibt uns die Körperseitenaktivität einen Wert, den wir doch zu einem gewissen Maße für Berechnungen herannehmen können, um eine Struktur zu bestimmen. Interessant wird es aber noch, wenn eine Aufteilung von Verhaltensweisen bestünde in Bezug auf die Körperseiten. Wenn beide Seiten nicht gleich wären, wenn es da Unterschiede gibt, dann könnte sich daraus vieles erklären lassen, was wir bis heute noch nicht verstehen.

Zweiseitigkeit des Körpers – Der Zweimensch

Schon in den ersten Phasen meiner Heilung 1987/88 erkannte ich, daß ich selbst scheinbar aus zwei ganz verschiedenen Menschen bestand. Manche Menschen sind in sich gleich, sie sind sehr symmetrisch angelegt, aber vielen sieht man ein Ungleichgewicht an. Dem einen mehr und dem anderen weniger, bei mir schien dieses Ungleichgewicht besonders groß.

Durch viele Einzelheiten war bei mir erkennbar, daß die eine Seite flexibel, zart und empfindlich erschien. Die andere Seite dagegen robust und grob. Die linke Seite schien bei mir die aktive zu sein, die rechte schaltete sich nur in Ernstfällen ein und schien meist abgeschaltet zu sein. Diese Differenz der Körperseiten war natürlich bei Spannungen sehr intensiv und zeigte sich dann besonders durch Atmungsverspannungen. In meiner Jugend auch oft durch Herzstechen und Spannungen im Brustkorb, Seitenstechen usw.

Ich hatte sehr bald erkannt, daß meine rechte Seite, die meines Vaters war und die linke Seite besaß die Struktur meiner Mutter. Wobei mein Vater sein Leben lang eher vegetativ orientiert war und deshalb eine starke stabile Struktur besaß. Während meine Mutter immer etwas empfindlicher schien, vor allem, was die Krankheitsanfälligkeit betrifft, und sie hatte doch immer etwas körperliche Schwächeprobleme, vor allem bei Überlastungen. Es schien so, als ob sich in mir diese zwei Varianten widerspiegelten, indem ich zwei ganz verschiedene Körperseiten hatte, die den Gesamtstrukturen meiner Eltern glichen. Zwei ganz verschiedene Seiten, die in sich auch vegetativ verschieden angeordnet waren, so daß sie sich in einer gewissen Weise bekämpften.

Die eine Seite wollte atmen und die andere versperrte sich dagegen. Wie zwei Menschen, die sich in mir selbst bekämpften. Deshalb untersuchte ich mich ständig, um Unterschiede zwischen meinen beiden Körperseiten festzustellen. Auf der rechten Seite war mein Nasenbein stärker ausgeprägt und die Nase schien zur rechten Seite abzuwandern, so als ob sich die linke Seite immer mehr in den Vordergrund schieben wollte, oder zog die rechte Seite die Nase auf sich? Die Augenhöhlen treten bei mir etwas stärker hervor, ähnlich wie sie bei meiner Mutter liegen. Mein ganzes Aussehen ähnelt allgemein aber mehr meiner Mutter, so daß ich auf die Idee kam, daß die linke Seite bei mir die dominierende im Gesamtkörperkomplex ist.

Ich hatte meine Handlinien gezeichnet und mußte feststellen, daß meine rechte Hand eine völlig andere Linienstruktur hatte als die linke − als würde ich zwei ganz verschiedene Hände haben.

Erst nach vielen Monaten, als ich diese ersten Erkenntnisse über meine zwei verschiedenen Körperseiten hatte, untersuchte ich die Handflächen meiner Eltern genau. Ich stellte fest, daß mein Vater exakt die Handlinien besaß, wie sie auch auf meiner rechten Hand deutlich zu erkennen waren. Die Handlinien waren deutlich und fest eingegraben, die Haut wirkte an den Innenflächen der Hand kräftig und prall und allgemein waren deshalb wesentlich weniger Handlinien vorhanden als auf meiner linken Handfläche.

Bei den meisten Menschen bestehen ebenfalls Unterschiede zwischen linker und rechter Seite, die aber sehr selten so deutlich zu erkennen sind wie bei mir. Die meisten der Menschen, die ich untersuchte, hatten an beiden Händen ziemlich gleichmäßige Handlinien-Strukturen, zumindest von der gesamten Anordnung her. Meine linke Hand hatte, wie gesagt, wesentlich mehr Linien und das lag daran, daß die innere Struktur nicht nur der Haut, auch die des Muskelgewebes viel sensibler und lockerer angelegt war. So konnte sich die Haut auch anders falten. Als ich die linke Hand mit den Händen meiner Mutter verglich, waren die Handlinien von der Struktur her ebenfalls identisch. Sie hatte aber an beiden Händen diese starke Handlinienbildung, die Linien waren

zart und fein angelegt und so zahlreich, daß man da im ersten Moment keine Ordnung heraussah. Es war also eindeutig: Mein Vater hatte an beiden Händen sehr grobe Handlinien, meine Mutter ebenfalls an beiden Händen feine Handlinien.
Ich hatte links feine Handlinien-Strukturen und rechts starke Handlinienbildung. Ebenfalls war auch die Haut und Muskelstruktur der jeweiligen Seite identisch. So erhärtet sich meine Vorstellung, daß ich aus zwei ganz verschiedenen Menschen bestand, die vielleicht gar nicht recht zusammenpaßten und deshalb, da diese zwei Menschen in einem Organismus Platz haben mußten, bekämpften sie sich und jeder wollte für sich ab und zu mal die Vorherrschaft haben und sich der anderen gegenüber durchsetzen. Die vielen Widersprüche in mir, die vielen Krankheiten, wobei immer eine Seite bei der entsprechenden Krankheit die Vorherrschaft hatte.
Es schien, als ob meine Körperseiten auch verschieden auf die Bedienung des Gesamtorganismus reagierten und eine Seite mit der anderen nicht mithalten konnte. Zumal ich ja die Kenntnis hatte, daß sich eine Körperseite immer in einem aktiveren Zustand befand als die andere und das war bei mir die linke Körperseite. Sie war immer aktiv und die rechte Seite immer passiv, was durch Abtasten meiner Nasenöffnungen immer deutlich erkennbar war.
So wirkten Reize immer einseitig aktivierend auf die linke Seite und hemmend auf die rechte Seite. Ein Gleichgewicht schien sich nicht so recht einstellen zu wollen. So wurde die Kluft zwischen meinen beiden Körperseiten immer größer. Desweiteren stellte ich an meinen Händen ein Rechtsgefälle fest.
Wenn ich meine Hände zusammenlegte und sie so deckungsgleich wie möglich halten wollte, dann waren da verschiedene Finger nicht gleich lang. Der Zeigefinger meiner rechten Hand war kürzer als der von der linken. Der Ringfinger der rechten Hand wiederum länger als der der linken.

Vor meiner ersten vegetativen Veränderung hatte ich meine Handlinien exakt aufgezeichnet.
An der linken Hand waren zwischen Daumen und Zeigefinger ca. 11 durchgehende Linien (A1) auf der rechten Hand (A) dagegen im selben Bereich nur 5 Linien, die Struktur der Haut war ebenfalls ganz verschieden.

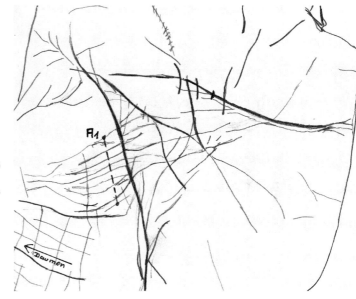

Linke Hand

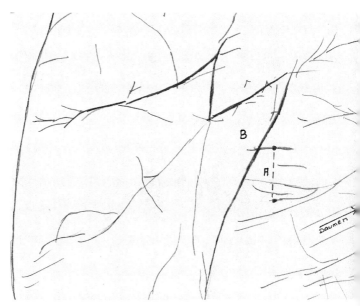

Rechte Hand

Nach ersten starken Veränderungen, die aber auch sehr traumatische Reaktionen im psychischen Bereich verursachten, durch die Aktivierung meiner rechten Körperseite, veränderten sich die Handlinien enorm. Die starke Handlinienbildung der linken Handinnenfläche reduzierte sich in wenigen Wochen auf nur 5 durchgehende Linien, ähnlich wie sie auf der rechten Handinnenfläche an der markierten Stelle auftraten.

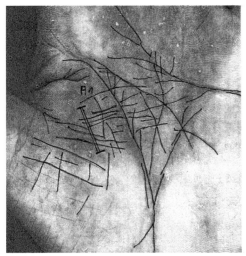

Linke Handlinien

Heute, vier Jahre danach, haben sich die Linien der linken Hand wieder etwas verstärkt und die der rechten Seite ebenfalls, so daß sich ein Ausgleich eingestellt hat.

In den letzten Jahren hat sich die Handlinienführung teilweise immer etwas verändert, je nachdem welche Übungen ich machte und wie ich die vegetativen Drehverhalten benutzt habe, sie sind deshalb sozusagen ein Barometer vegetativer Anwendung in den Aktivverhalten der Körperseiten und Struktureinheiten.

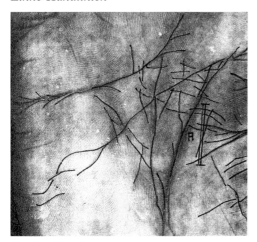

Rechte Hand

Elefant – Linke Seite

Elefant – Rechte Seite

Auch bei diesem afrikanischen Elefanten besteht zwischen der Haut der rechten und linken Körperseite ein gravierender Unterschied. Rechts ist die Haut dicker, was durch grobere Hautfalten deutlich wird, dadurch läßt sich sagen, daß seine rechte Körperseite ebenfalls gelähmt in der inneren Struktur ist, einen dauerhaften Passivwert besitzt. Durch ständiges Weben versucht dieser Elefant dagegenzusteuern, psychische extreme Verhaltensmuster ebenso wie Gelenkprobleme, die er dadurch hat, sind die Folge.

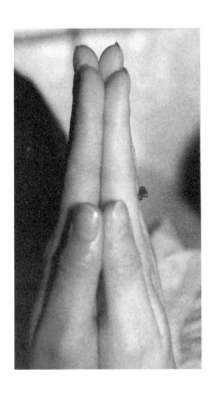

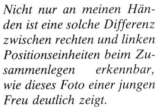
Nicht nur an meinen Händen ist eine solche Differenz zwischen rechten und linken Positionseinheiten beim Zusammenlegen erkennbar, wie dieses Foto einer jungen Freu deutlich zeigt. Es handelt sich um eine häufige Variante, die besagt, daß die betreffende Person von ihrer vegetativen Struktur vorwiegend ganzheitliche Wahrnehmungskomplexe einbindet. Dies führt zu einer polaren inneren Ordnung, bei der Rechts- und Linkspositionen eine getrennte Ausrichtung haben. Der vegetative Positionsraster ist aufgebrochen, was zu einem sehr intensiv angelegten Bewußtsein führt, es kommt aber auch zu extremen Einbindungen von Prozessen, was eine Allergie und Asthmaanfälligkeit, ein inneres vegetatives Blockieren fördert.

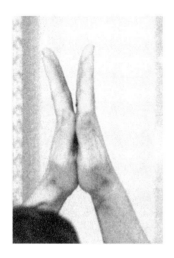

Ein weiterer Aspekt war an meinen Fingern erkennbar. Nicht allein, daß der Zeigefinger der rechten Hand kleiner gewachsen war, auch die innere Elastizität der Finger war unterschiedlich. Die linke Hand ließ sich viel stärker durchbiegen, da sie der aktiven Körperseite entsprang, während sich die rechte Hand fast überhaupt nicht durchbiegen ließ. Durch die Amun-Re-Therapie hat sich dieses heute aber weitgehend ausgeglichen.

Rechte Hand   *Linke Hand*

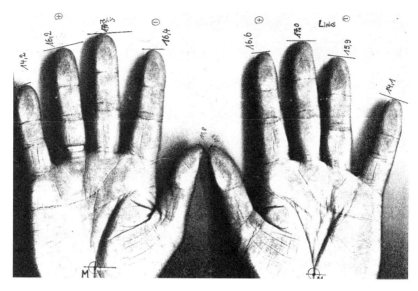

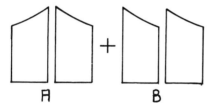

Bei der vegetativen Struktureinbindung wirkt zur Spiegelsymmetrie (A) eine weitere Symmetrie mit ein, die die symmetrische Übertragung komplett noch einmal umkehrt (B).

So baut sich ein Gefälle außerhalb der Spiegelsymmetrie auf. Die spiegelsymmetrische Ausrichtung basiert deshalb auf einer gentechnischen Grundlage organischer Elemente, während die zweite Symmetrie (Punktsymmetrie) auf der Grundlage der Anwendung, vor allem der psychischen Verarbeitung beruht.

So wird das Rechts-/Links-Gefälle an meinen beiden Händen deutlich, wobei die Rechtswerte (Länge der Finger vom Meßpunkt aus gerechnet) im Verhältnis zur Gesamteinheit eindeutig vermindert sind.

Der Meßpunkt wird ermittelt, indem die Hand locker, entsprechend der inneren Widerstände, aufgelegt wird. Eine gleiche Entfernung zwischen den Mittelfingerspitzen und dem Meßpunkt (M) markiert wird.

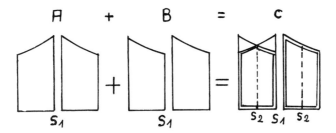

Zwei grundlegende Gesetze lassen sich daraus ableiten:

1. *Aufgrund dieser Beobachtung hatte ich erstmals den Beweis für die Existenz eines Symmetriebruches innerhalb jeder Körperseite. Denn solch eine Zusammensetzung von Strebungen bedingt die Möglichkeit eines solchen Bruches, stellt ihn sogar unter Beweis.*
2. *Das zweite Gesetz, das sich ableitet, besagt, daß bei einer strukturellen Einbindung immer eine Seite einen doppelten Wert besitzt, wobei die andere Seite dann folglich nur einen einfachen Wert hat.*

Wenn wir oft Menschen sehen, die sich konzentrieren, stellen wir fast immer fest, daß sie die rechte Augenbraue höher ziehen als die linke. Das macht Bush, ebenso wie Hussein oder Gorbatschow, alle Menschen, bei denen die bewußte Verarbeitung in dieser Situation mit der linken Gehirnhälfte getätigt wird. Durch die Übertragung und die gleichzeitig nach vorne konzentrierte Wahrnehmung wird auf der rechten Seite ein doppelter Wert indiziert, einerseits wird die Augenbraue zwar nach vorne empfunden, versucht sich aber nach hinten auszurichten, und sie wird deshalb scheinbar nach oben gezogen.

Das heißt, daß wenn ich meine Hände aufklappte, daß dann ein Gefälle von links nach rechts vorhanden war, also alle Linkswerte der einzelnen Hände von links nach rechts gelesen größer waren. Das würde dann bedeuten, daß sich zwar die Körperseiten angeglichen hatten, aber so, daß eine rechte verkleinerte Tendenz sich in allen Positionen auswirkte. Indem Rechtswerte von der rechten Seite auf die linke übertragen wurden und Linkswerte waren dann nach rechts übertragen. Also die Gegenstruktur war keine chaotische Mischung aus einem männlichen und einem weiblichen Gen, sondern folgte ganz exakten Regeln, die vielleicht bei mir deutlicher als bei anderen Menschen zu erkennen waren.
Was können wir aus dieser Beobachtung lernen?
Einerseits ist ein Organismus in seinen beiden Hälften spiegelsymmetrisch angelegt. Das heißt, die organischen Positionen unterliegen einerseits in ihrem Aufbau und der Werdung einer spiegelsymmetrischen Grundlage. Zum anderen aber besteht noch eine weitere symmetrische Anordnung und zwar handelt es sich um eine vegetative Symmetrie. Die vegetative Symmetrie ist auf der Grundlage der elektrischen Spannung aufgebaut, die in ihren Strukturen ebenfalls alle Symmetrien besitzt. Wenn wir verstehen, daß bei der vegetativen Punktsymmetrie alle symmetrischen Kopplungen noch einmal umgekehrt sind.
Im Gegensatz zur geometrischen Punktsymmetrie, bei der auf der Grundlage einer Fläche oder eines Raumes eine Symmetrieachse so ausgerichtet ist, daß von Punkt A zu B z.B. eine gerade Linie gezogen ist. Der Raum in seiner inneren Struktur ist aber nicht so aufgeteilt. Wir können das mit einem Spiegel vergleichen. Wenn wir einen Spiegel sehen, dann sehen wir uns spiegelsymmetrisch. Würden wir uns, wenn wir in den Spiegel sehen aber bereits im Spiegel befinden, dann würden wir uns in allen Positionen genau umgekehrt betrachten können. Wir würden dann statt daß wir Vorwärts schreiten nach Rückwärts gehen und würden das noch nicht einmal merken, denn dann würde ja auch die Zeit nach

Hinten laufen, also rückwärts ausgerichtet sein. Alle Positionen, nicht nur die organischen, würden genau verkehrt herum laufen. So ist es auch nicht möglich, daß sich organische Positionen punktsymmetrisch nach den Gesichtspunkten einer organischen Struktur entwickeln können. Eine organische Struktur muß sich immer nach Vorwärts bewegen und deshalb sind umgekehrte Werte und eine vegetativ funktionierende punktsymmetrische Anordnung nicht möglich, ein solches Leben gibt es nicht. Deshalb können alle organischen Lebensprozesse nur spiegelsymmetrisch ablaufen und wenn sie punktsymmetrisch angeordnet erscheinen, dann sind sie zusätzlich über den Symmetriemittelpunkt noch einmal verdreht, um einen weitern Winkel, so werden wieder Vorwärtspositionen daraus.
Organische Einheiten sind immer nach einer versetzten punktsymmetrischen Grundlage entwickelt. Wobei die Spiegelsymmetrie eine verdrehte Punktsymmetrie ist und auch die Strukturen wie unsere Wirbelsäule eine doppelte Symmetriegrundlage haben. Das bedeutet dann auch, wenn wir eine linke und eine rechte Seite haben, dann ist die eine nur ein sinnbildliches Double der anderen und nicht ein Gegenstück.
Dann bedeutet das aber auch, daß es in Wirklichkeit nur zwei rechte oder zwei linke Seiten gibt, denn die zweite Seite ist dann die aufgeklappte andere Seite. Aber wie können wir herausfinden, ob wir aus zwei rechten oder linken Seiten bestehen?
Gibt es dann aber trotzdem eine punktsymmetrische Position in unserem Organismus?
Die scheint es zu geben und zwar im vegetativen Bereich, auch in den Bewußtseinsbereichen sind punktsymmetrische Ordnungen möglich.
Wenn ich nun davon ausgehe, daß ich mich seit vielleicht meiner frühen Kindheit bereits vegetativ eingehemmt hatte, dann läßt dies den Schluß zu, indem punktsymmetrische Anordnungen vegetativ und bewußtseinstendenziös vorhanden waren, daß sich

Prinzip der Wirbelknochen

Punktsymmetrie   Spiegelsymmetrie   Drehsymmetrie

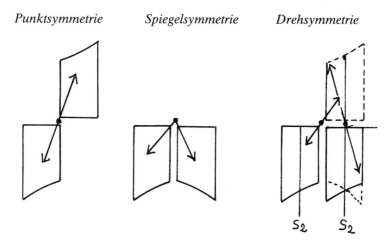

Wirbelknochen basieren auf dem Prinzip verschiedener Symmetrieübertragungen.

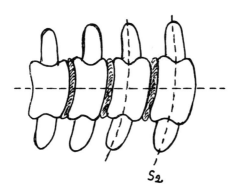

Wobei hier der S_2-Bruch deutlich erkennbar ist.
Alle Wirbelknochen sind deshalb durch eine quergestellte Symmetrieachse (S_2) verbunden.
Einzelne Symmetrieachsen werden durch die Anwendung innerhalb des Wachstums verschoben, so entsteht ein individuelles Wachstum des gesamten Individuums sowie einzelner Wirbelknochen.

diese auf mein Werden, Wachstum und Körperbau auswirkten. Durch diese vegetative Einhemmung und den daraus resultierenden punktsymmetrischen Einblockierungen hat sich eine Strukturveränderung vollzogen, die sich zwar nicht grob zeigt, aber doch eine bestimmte Strukturanordnung meiner Finger und vieler anderer Positionen deutlich macht. Das bedeutet, daß wenn eine psychische Spannung besteht oder wenn Aktivstreß- oder Lähmungsstreß-Situationen bestehen, daß sich eine vegetative Struktur in die Aufbaustruktur eines Organismus einheften kann, sich sozusagen einhemmt und dann zu verändertem Aufbau der organischen Struktur beiträgt, je stärker diese Einhemmung in einzelne Symmetrieachsen besteht. Was ja deutlich bei meiner ganzen Krankheitsgeschichte zu erkennen ist, indem sich vegetative Einhemmungen bildeten, die ungleiche Muskel und Hautstrukturverschiebungen hervorgerufen haben. Was letztendlich auch zum Asthma, zum Leistenbruch, zur Sehunschärfe, zu meinen Krampfadern und vielen anderen Problemen geführt hat.

Deshalb ist es auch nicht nur für das einzelne Leben entscheidend, welche Streßmomente herrschen, sondern auch für Arten, die über lange Strecken hinweg ihren Organismus anhand dieser Einhemmungsmechanismen umbauen können und so eine andere Form annehmen können. Denn auch die Größe und Anordnung des gesamten Organismus und einzelner positionierter Teile basieren auf dieser Grundlage.

Würden wir Menschen wieder unter den natürlichen Umständen leben, so wie unsere Vorfahren gelebt haben, dann würden wir automatisch wieder kleiner werden, denn die innere Struktur im Genbereich bleibt sicher lange noch so erhalten, wie wir sie von unseren Urgroßvätern bekommen haben.

Aber nicht nur anhand der Fingerlängen konnte ich dieses Links-Rechts-Gefälle erkennen, auch durch die Analyse der Handlinien wurde dieses Links-Rechts-Gefälle wieder deutlich. Vor allem war dieses Gefälle deutlich am ersten Glied der Finger zu sehen.

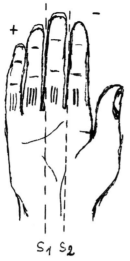

Während das Fingerglied des kleinen Fingers an der linken Hand nur eine Falte aufwies, waren an selbiger Stelle der rechten Hand mindestens drei Hautfalten zu sehen.

Am Zeigefinger der rechten Hand waren zwei große Hautfalten, dagegen am Zeigefinger der linken Hand viele kleine Linien zu erkennen.

Also hier bestand ein Gefälle, das durch eine veränderte Hautstruktur zustandekam. Denn wie wir bereits erkannt haben, basieren grobe und klare Handlinien auf einer dicken und kräftigen Hautstruktur, ebenso auf einer prall gefüllten Muskelschicht unter der Haut. Feine und zahlreiche Handlinien beruhen dagegen auf dünner, empfindlicher und sensibler Haut. Deshalb bedeutet dies bei mir, daß innerhalb der jeweiligen Haut ein Gefälle in der Hautstruktur besteht, so daß zwar die linke Hand allgemein sensibler und dünnere Hautstrukturen hat, aber auch zwischen der rechten und der linken Position der Hautbereiche noch einmal eine Differenzierung der jeweils einzelnen Hand besteht. Auch anhand der übrigen Handlinien und deren sorgfältige Analyse bringt immer wieder das gleiche Ergebnis. So deutet auch eine dicke Haut auf starke Rechtspositionen hin, während eine dünne Haut dagegen geförderte Linkspositionen besitzt.

So sehen wir gerade an diesem Beispiel, daß nicht nur die Zellen, die Körperseiten, das Sehvermögen insgesamt überschnitten sind, sondern es sind immer wieder Unterteilungen in den Überschneidungsstrukturen vorhanden.

So stellt jede kleinere oder größere Einheit in einer Lebensstruktur immer wieder eine gebrochene Gesamteinheit dar, die über die gesamte Struktur umgebrochen ist.

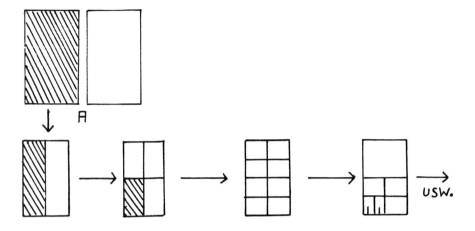

A bricht sich in Links und Rechts-Positionen. Bei B bricht sich die gebrochene Hälfte wiederum in eine Rechts- und eine Linksposition und bei C bricht sich die nun erhaltene $1/4$ Einheit wiederum in eine Rechts- und Links-Struktur. Wobei alle Positionen in C wiederum mit allen anderen verschaltet sind und sich über den symmetrischen Mittelpunkt verschalten.

Werden innerhalb dieses Positionsgefüges Verbindungen aufgebaut, also Konzentrationen verbunden, so werden bei einem einseitig eingebundenen Organismus Reaktionen entsprechend der Symmetrien über die diese Positionen verbunden werden, erzeugt.

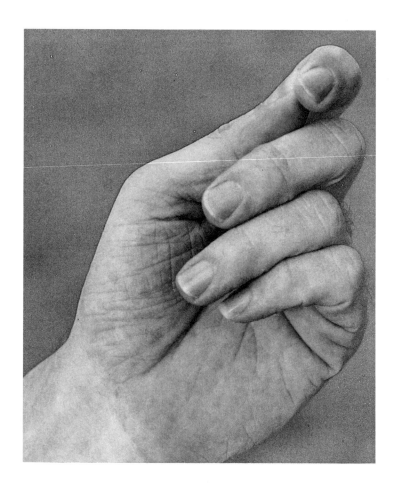

Flecken in der Haut basieren auf einem Aktivgefälle des vegetativen Positionsrasters.

Wobei einzelne Zelleinheiten ein höheres Aktivniveau besitzen als die geröteten Stellen.

Ein Prinzip, das sich viele Fische zunutze machen, indem Sie die Hautfarbe entsprechend des Untergrundes verändern können.

Aktiv-Verhalten kleiner Zelleinheiten

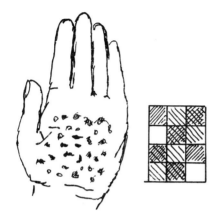

Wenn wir unsere Hände betrachten, erkennen wir bei genauerem Hinsehen, daß das Fleisch unter der Haut, besonders an der Handinnenfläche, meist nicht gleichmäßig durchblutet ist. Es ist ein gutes Beispiel um darzustellen, wie sich die innere Struktur in immer kleinere Einheiten in ihrem Aktivitätsverhalten aufbaut. Dabei ist im Besonderen entscheidend, wie stark die Differenz zwischen der rechten und linken Körperseite in ihrem Aktivitäts-Verhalten verwendet wird. Je größer der Unterschied der beiden Körperseiten in ihrer inneren Aktivität ist, je stärker treten die roten Flecken auf.

Bei Organismen, die sich gleichmäßig und locker anwenden, scheint der Kontrast nicht so groß, die Flecken treten nur sehr gering auf, also die Unterschiede einzelner Zelleinheiten in ihrer Durchblutung. Wobei hier aber erst noch genau geklärt werden müßte, ob es sich nun um ausgehemmte Strukturen handelt, bei denen die Flecken geringer auftreten, bei einer eingehemmten Struktur ober bei Rechts- oder Links-Strukturen besonders stark auftreten oder verschwinden. Hier gibt es sicher auch noch eine Reihe von Differenzierungen, die man nur in langen Versuchsreihen und Beobachtungen entgültig entschlüsseln kann. Aber allgemein treten diese starken Brechungen bei einer vegetativen Links- oder Rechts-Einhemmung auf. Bei ausgehemmten Strukturen, wie Säuglingen und Kindern, sind sie so gut wie nicht erkennbar, treten eher als zartes Gitter und nicht als Flecken in Erscheinung. (Oft deutlich an den Oberschenkeln sichtbar.) Das Problem liegt aber erst einmal in der exakten Strukturbestimmung, die bei den heutigen Wissenschaften und Lehren keine Berücksichtigung findet und zum Teil nach den Gesichtspunkten der Areaktionslehre in keiner Weise, auch nur im Ansatz entspricht. Man muß sich dieses System der gegensätzlichen Aktivierungs-Struktureinheiten kleiner Zellverbände in etwa so vorstellen. Diese sind in ihrer Struktur in allen Teilen eines Organismus in gleicher Anordnung vorhanden.

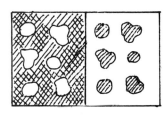

Zelleinheiten in aktiver und passiver Positionsunterteilung bis hin zum H_2O-Molekül.

Diese Zelleinheiten teilen sich in zwei Hälften. Wobei die eine Hälfte mit der rechten Seite, die andere dagegen mit der linken Körperseite in Verbindung steht. Wenn z.B. die rechte Körperseite passiv ist, dann ist sie auch stärker durchblutet. Das bedeutet dann auch, daß alle stärker durchbluteten Stellen folgerichtig dann auch mit der rechten Seite gekoppelt sind, alle weniger durchbluteten Stellen folgerichtig dann auch mit der linken Seite, die dann auch im Gesamtorganismus weniger durchblutet ist.

Nun stellen wir uns wieder vor, daß sich in allen Teilen des Organismus dieses Aktivitätsgefälle kleiner und mittlerer Einheiten überträgt, aber auch in den kompletten Organeinheiten, wie in der Leber, in der Lunge, im Herzen und auch in den Augen und Augenmuskeln. In allen Teilen des Körpers besteht ein Aktivbruch und damit auch ein Aktivgefälle, das sich bis in kleine Zellverbände von vielleicht acht oder vier Zellen weitergibt und auch in jeder Zelle in derselben Weise vorhanden sein muß.

Aber auch in kleinen untergeordneten Einheiten, in der Zelle gibt sich dieses Aktivitätsgefälle weiter.

Wird nun die vegetative Einhemmung stärker und die Struktur ungleichgewichtiger, also die Unterschiede zwischen rechter und linker Körperseite immer größer und auch in ihrer psychischen Anwendung, die ja dann die vegetative Struktur verdreht, dann geben sich ungleichgewichtige Spannungen in alle diese Teile und Einheiten weiter. Die Spannungen sind manchmal spürbar, manchmal aber schleichen sie sich ein, man nimmt sie gar nicht wahr und sie versauen einem den ganzen Organismus und die psychische und körperliche Struktur obendrein.

Als ich ca. 20 Jahre alt war, hatte ich ja schon begonnen mich auf meine vegetative Struktur zu konzentrieren. Wenn ich morgens mit dem Zug nach Lauf in die Arbeit fuhr, dann ist es auch vorgekommen, daß ich am Morgen während der Bahnfahrt eine Zigarette geraucht hatte. Nachdem ich mit dem Rauchen begann, stellte ich bereits schon nach 10 bis 20 Sekunden fest, wie eine Reaktion im Organismus entwickelt wurde. Ich spürte die Wirkung des Nikotins. Im besonderen war dies durch ein Kribbeln in den Händen zu spüren, das sich sehr unangenehm im Muskelfleisch der Handflächen äußerte. Ich konnte eine sehr intensive Spannung spüren, konnte die Zusammenhänge damals aber noch nicht genau deuten. Heute weiß ich, daß dies mit dem Aktivverhalten dieser Zellstrukturen und der damit verbundenen Anwendung der vegetativen Struktur zusammenhängt, die ja durch das Rauchen enorm verändert wird. Es entstehen Aktivitätsbrechungen in den Zellen, was das Kribbeln, aber auch Juckreize verursachen kann.

Daß diese Spannung mit einer Differenz dieser Struktureinheiten im Muskelfleisch zusammenhängt, aber auch durch die psychische Anwendung des Bewußtseins in Streßsituationen getragen werden kann, wird mir heute aber verständlich.

Allergien, Juckreiz, Hautausschläge

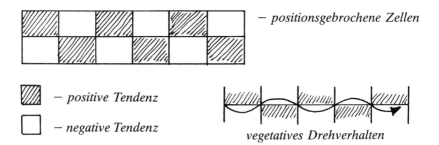

An dieser Stelle sollte ich kurz auf das Allergieproblem hinweisen. Fast alle Allergien beruhen auf dem gleichen Prinzip. Indem extreme Positionsbrüche hergestellt werden. Wie wir aus den letzten Büchern gelernt haben, besteht in organischen Körpern ein vegetatives Drehverhalten. Dieses innere Drehverhalten muß sich sozusagen durch die organischen Positionsbrechungen durcharbeiten. Ist die Differenz dieser Positionsbrechungen nur gering und das vegetative Drehverhalten reaktiv und locker, dann gibt es auch keine Probleme. Der Organismus baut eine innere vegetative Spannung auf, die ja auch nötig ist, wenn er aktiv sein soll.

Wenn nun der Aktivpositions-Raster extreme Unterschiede aufweist, dann wird diese Struktur undurchlässig und das vegetative Drehverhalten muß sich dann ständig umkehren, um durch diesen Positionsraster durchdrehen zu können.

Die vegetative Struktur wird deshalb in dieser Situation meist gebremst. Erfolgt aber eine Steigerung durch extreme Reaktionen und Reize, kann es sich nicht mehr ständig umkehren und zerbricht folglich einen Teil dieser Positionseinheiten. In diesem Falle besteht dann die Möglichkeit, daß erst rote Flecken auftreten, wobei durch Kratzen und ein reaktives Verhalten des Organismus diese Strukturbrechungen dazu führen, daß die Zellen in einzelnen Teilen auseinanderbrechen. Dies führt dann zu Ausschlägen, zum Nässen der Haut, da auch hier wieder eine der Positionseinheiten Wasser speichert, die andere dagegen Wasser abgibt. Dieses Prinzip kann man sehr oft an juckenden Füßen beobachten. Wenn man den ganzen Tag in den Schuhen geschwitzt hat, sie abends auszieht, die Füße austrocknen und dies dann zur vegetativen Einhemmung führt.

Die Zehen und die Fußoberseite können dann ganz besonders jucken, wir kratzen uns und es bildet sich ein Teppich von kleinen Blasen – es ist die Folge eines inneren Positionsbruches, da die einen Teile dabei zerstört werden, dazwischen hat man aber sogar ein Wohlbefinden beim Kratzen, das sind dann die Teile, die nicht zerstört werden, sich dadurch wieder regenerieren. Man muß immer bedenken, daß sich durch dieses Verhalten ein Teil extremer verhält als der andere.

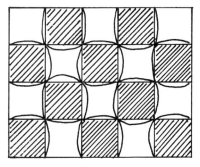

Einhemmende Struktur, Wohlempfinden

Aushemmende Teile, wasserabgebend, traumatisch

Juckreize allgemein, besonders im Rachen, um die Augen, in den Händen, ebenso ein heißer Kopf, Kopfschmerzen und Migräne sind immer die Folge einer vegetativen Bremsung in Bezug auf die organischen Strukturbrechungen.

Man kann es auch so beschreiben, indem man versucht durch einen Zaun zu schlüpfen, der viel zu enge Maschen hat oder durch eine Mauer zu gehen. Wenn eine Struktur nicht mehr durchlässig ist, dann hilft auch nicht pure Gewalt da durchzukommen. Dies aber nur kurz am Rande, zurück zu den Symmetrieüberschneidungen

in Bezug auf die Gesamtheit eines komplexen Organismus. Durch dieses Überschneiden aller in sich enthaltenen Positionen sind alle gegensätzlichen oder gegenüberliegenden Einheiten spiegelsymmetrisch gleich. Aber das nur solange sie direkt mit einer Reizquelle verschaltet sind. Das heißt, ein Reiz gibt sich zwar immer umgekehrt auf eine dieser Einheiten weiter, da aber die Einheiten symmetrisch angeordnet sind, ist die Reaktion als solche wiederum spiegelsymmetrisch und damit wieder gleich.
Besteht nun die Möglichkeit weiterer Symmetrien, dann können andere Reaktionsschemen hergestellt werden. Wobei hier deutlich wird, daß eine Reaktionswahl durch kleinste Korrekturen und Steuerungen im Symmetriemittelpunkt hergestellt werden können. So wird durch einen nahezu fast nicht mehr vorhandenen und minimalen Wert das Bewußtsein eine Umschaltung erreichen, der in seiner Intensität nur ein Billionstel der Energie eines Sonnenstrahls benötigt, um Reaktionen steuern zu können. vielleicht ist unser Bewußtsein nur ein Symmetriemittelpunkt, der als einziger Wert nur eine Umschaltenergie besitzt. Damit würde sich auch erklären, daß wenn wir ständig in uns rangieren müssen und bewußt streßüberlastet sind, daß wir uns dann sehr schnell verbrauchen, da die Energie des Bewußtseins die geringste Energie, die es überhaupt gibt, sein mag. Eines ist sicher, daß sich das Bewußtsein, die Bewußtseinsstärke verbraucht und dadurch eine Steuerung nicht mehr unserem Willen unterliegt.
So ist es immer wieder erforderlich, das Leben nicht zu verlieren, indem Kontrastverhalten, die auf einer mechanischen Basis funktionieren, vorhanden sein müssen, ausgeschaltet sind. Diese Kontrastverhalten, wenn sie mechanischer Natur sein sollen, müssen immer aus zwei gegensätzlichen Einheiten bestehen. Stellen wir uns vor ein Organismus würde nur aus einer einzigen Einheit bestehen, die komplex und verbindlich in ihrer Gesamtheit mit einem Wert von 1 reagieren würde. Auf dieser Basis könnte Leben nicht funktionieren, da eine Reaktionswirkung auf Reize nicht

steuerbar wäre und immer und immer wieder dieselbe Reaktion zur Folge haben würde. Es gäbe auch keine Unterschiede in den Verhaltensweisen einzelner Organismen und auch Situationen. Wenn aber ein Organismus aus zwei gegensätzlichen Einheiten besteht und Umschaltungen von Reizwahrnehmungen getroffen werden können, was auch nur gehen mag, wenn ein Reiz vorwiegend nur auf einer Seite wahrgenommen wird. Erst dann wird Leben selbst steuerbar. Erst dann werden einseitige Reaktionsverhalten aufgehoben und dabei wird wieder ganz klar, daß es sich nicht um die Trennung der Körperseiten alleine handeln kann, sondern um Positionstrennungen, die zwischen den beiden Körperseiten, also auf jeder Seite in gleichem Maße vorhanden sind. Erst dann kann durch Überschalten von der einen Seite auf die andere bei immer dergleichen Reizgebung eine verschieden gelagerte Reaktion erfolgen. Es kann eine Auswahl getroffen werden, wie auf einen Reiz zu reagieren ist, ob über eine punktsymmetrische oder eine spiegelsymmetrische Weitergabe, die dann entsprechende gesteuerte Reaktionen zur Folge haben kann und auch entsprechende Dränge bestimmt.
Wenn ich noch einmal auf das System der Wahrnehmung zurückkomme, vor allem im Sehbereich, dann wird hier deutlich, warum ein Teil der Sehnerven sich über die Großhirnbereiche umschaltet und zur gegenüberliegenden Seite wechselt. So kann eine Reizgabe über das Bewußtsein willentlich erfolgen, je nachdem über welche Nerven geleitet wird, ob eine symmetrische Überspielung im Großhirn stattfinden soll oder auch nicht. Je nachdem baut sich dann anhand einer Reizgabe ein Bedürfnis auf oder nicht. Dieses System wird auch an meinen Händen deutlich und beweist, daß ich mit der Annahme richtig liege, daß alle Lebens- und organischen Einheiten, nach diesem Prinzip entwickelt sind. Benutze ich beide Körperseiten und Gehirnseiten gleichermaßen, dann entwickeln sie sich gleich und es besteht nur wenig Unterschied zwischen diesen Seiten. Je differenzierter ich nun meine

Körperseiten einsetze, desto willentlicher sind Reize und Handlungen durch das Bewußtsein steuerbar. Das können wir im täglichen Leben beobachten, wenn wir Menschen gegenüberstehen, die verschiedene Gesichtshälften haben, dann sind sie selbst für ihren eigenen Willen steuerbarer und haben ein stärker angelegtes Bewußtsein. Da die Zusammenhänge zwischen einseitiger Bedienung und großflächig angelegtem Bewußtsein nun deutlich vorhanden sind. Wer also bewußter lebt, schwebt in Gefahr, seine Körperseiten verschiedener anzuwenden und bringt sie dann auch in verschiedene Aktivitätsstrukturen, so daß Differenzen in diesem ganzen System entstehen werden, die sich dann durch die Krankheit äußern können. Denn nicht nur die eine Körperseite, die z.B. abgebaut wird, ist davon betroffen, sondern auch die aktive Körperseite, da sie wiederum mit der anderen in den einzelnen Struktur-Einheiten verbunden ist. So erhalten wir durch ein massiv arbeitendes Bewußtsein, das ja nicht beliebig reagieren darf, schon der Gesellschaft wegen, ein abtrifften der Körperseiten, wenn nicht ständig ausgleichend und regenerierend eingegriffen wird. Die Körperseiten werden immer verschiedener und reagieren dann mit der Zeit auch verschiedener auf Reize.

Da aber ein Wechseln der Körperseiten in ihrer inneren Aktivität entwickelt wird, so daß einmal die eine, einandermal die andere Seite aktiv ist, entstehen Differenzen in den Verhaltensweisen. Wenn, wie bei mir, die linke Seite immer aktiv war, die rechte Seite sich in einer Passiv-Situation befand, dann haben sie sich mit den Jahren immer weiter voneinander entfernt und sind in ihrer psychischen inneren Struktur ganz verschieden. Das macht nichts, solange die linke Seite bereits eingefahren weiter aktiv bleibt, die Vorherrschaft übernimmt. Der gesamte Organismus ist dann gleichbleibend berechenbar.

Wenn ich nun durch eine Erkältung z.B. oder durch extrem schlechtes Wetter eine Umstellung habe, sich die rechte Seite aktiviert und die linke mal abschlafft und den geringeren Aktivitätswert hat, dann kommt es zu Störungen und Spannungen, da ich nun alles etwas anders als sonst machen möchte, es aber nicht meinen gewohnten Bewegungsabläufen entspricht. Die Haltung der Füße, die der Hände, des Kopfes, muß dann anders sein. Stelle ich nicht um, sondern folge der üblichen Stellung, den gewohnten Verhaltensweisen, wie sonst bei linksgeöffneter Seite, kommt es zum Bruch.

Durch die Stärkung meiner Rechtspositionen und damit auch eine höhere Aktivbasis meiner rechten Seite, veränderte sich auch meine Psyche. War diese Rechtsaktivierung besonders groß und auf die rechte Seite eingefahren, so daß über viele Perioden ($1^1/2$ Stunden-Phasen) keine Körperseitenumstellung erfolgte, hatte ich vor allem morgens immer das Gefühl mit dem linken Fuß aufgestanden zu sein.

Über das Prinzip der Körperseitenaktivität habe ich in Band 1 bereits sehr viel geschrieben. Wie z.B. Spannung über das Gehör durch Positionen, die mit der Raumakustik zusammenhängen, in Verbindung stehen. Es treten vor allem Spannungen auf, wenn man sich entgegen den üblichen Gewohnheiten verhält.

Das Problem bei der einseitigen Reaktionsweitergabe liegt darin, daß in dieser Situation, ähnlich wie ich das bei dem Pferd beschrieben habe, das immer nur zur Straßenmitte hintrat, da es einseitig gekippt war, daß das Bewußtsein dabei nur einen einseitigen Wert aufbauen kann.

Wenn die linke Seite aus Rechts- und aus Links-Positionen besteht und die rechte ebenfalls, dann wird durch diese Situation erreicht, daß nur tatsächliche Rechts-Positionen wahrgenommen werden können. Aber auch nur alle Linkspositionen können aufgebaut werden. Die gesamte psychische Struktur besteht dann immer nur zur Hälfte. Was passiert, wenn ein Pferd, das ja viel vegetativer erfaßt eine Seite kippt und trotzdem beidseitig gesamtheitlich wahrnimmt. Beim Menschen ist dies ja anders, denn meist entsteht ein solches Verhalten oder Tendenzen dazu, wenn zwar beide Seiten normal zueinander geschaltet werden, aber durch die bewußte punktuelle Konzentration eine Überspielung der Wahrnehmung erfolgt. Das heißt, eine Gehirnseite übernimmt die Vorherrschaft und die Wahrnehmung erfolgt über nur eine Seite. Damit aber die andere Seite auch wahrnehmen kann, findet eine Überspielung statt. Es gibt viele Beispiele, die das belegen. Durch diese bewußte Konzentration entsteht eine Positionseinseitigkeit, das bedeutet, daß zwar das, was ich in „Geheimnis der Gehirnwellen" schon beschrieben habe, indem man nur einen Teil des Bewußtseins zur Verfügung hat und auf ein Ereignis einseitig reagiert.

Ich hatte hier sehr viele Versuche gemacht, bei denen ich mich einseitig vegetativ eingebunden hatte. Da ich zwar in dieser Situation sehr intensiv wahrnehmen konnte, aber für eine Reaktion total handlungsunfähig war, da die Positionen dafür fehlten. Andererseits hatte ich auch wahrgenommen und konnte das Wahrgenommene nicht verarbeiten. Es war total unmöglich und erst später konnte ich die Wahrnehmung aufarbeiten und reagieren. Aber erst, als diese einseitige Einhemmung vorbei war.

Auch im täglichen Leben können wir solche Sitationen sehr häufig beobachten. Wenn wir in Gedanken an einer Kasse stehen, oder beim Einkaufen gefragt werden und plötzlich für einige Sekunden nicht mehr wissen, was wir eigentlich wollten. Es sind oft ähnliche Situationen, vor allem dann, wenn wir unter Warte-Streß leiden.

Also Positionstrennung, die meist mit einer Körperseitentrennung einhergeht, bedeutet immer einseitige Entwicklung, einseitige halbe Positionen und Reaktionen.

Eine Entdeckung über die Struktur der Augeninnenflüssigkeit

Durch das Wissen um die Positionsbrechungen einzelner Teile eines Ganzen, machte ich mir auch über vieles Gedanken, was mit unserem heutigen Wissen über Wahrnehmung und Sehfähigkeit zusammenhängt.

Denn alle heutigen Wissenschaftler gehen davon aus, daß das Auge wie eine Kamera konstruiert ist. Wobei ich sagen muß, daß ich bereits schon nach wenigen Versuchen feststellen mußte, daß eine Kamera und ein Auge ganz verschieden sind und sie von ihrem inneren Aufbau überhaupt nichts miteinander zu tun haben. Durch solche Fehlgedanken, wie sie heute bestehen, deren genaue Analyse sicher einiges Richtige in sich hat, aber von ihrem Gesamtaufbau nicht das geringst Verständnis über Wahrnehmung bringt. Das Auge ist ein lebendes Organ und hat mit den Prinzipien einer Kamera überhaupt nichts zu tun.

Ich versuchte mich in Lehrbüchern schlau zu machen, aber sie alle enthielten nicht die Kenntnisse, die ich benötigte, da die Elemente der Areaktionslehre hier nirgends angewandt wurden. So blieb mir nichts anderes übrig, als mir selbst Augen zu besorgen, an denen ich Untersuchungen vornehmen konnte. Sie sollten eine genaueres Bild geben, vor allem, ob sich meine Vermutungen bestätigten, zumindest ob sie im Bereich des möglichen lagen. Denn ich hatte seit einiger Zeit schon den Verdacht, daß die Flüssigkeit des Auges und der Linse wesentlich bedeutungsvoller für ein richtiges Sehen ist, als wir das bis heute annehmen.

Ich wußte um die Positionsbrechungen und hatte den Verdacht, daß auch die Flüssigkeit in den Augen nicht umherschwimmt, sondern, daß es sich um eine gerichtete Struktur handelt, die auch in ihren Positionen gebrochen und verschoben sein kann. Ich stellte mir eine Struktur vor, die so ausgerichtet sein mußte, daß scharfes Sehen nur möglich sein kann, wenn diese Augenflüssig-

Bilder, wenn sie gedruckt werden, müssen gerastert sein.

Rastert man ein Bild ein zweitesmal, so entsteht ein Moiré.

keit mittig ausgerichtet ist und nicht einseitig in ihrer Positionsgrundlage verschoben. Als Drucker kannte ich ein Problem, das auch jeder andere Reprofachmann sicher gut kennt. Wenn bei einer Druckvorlage bereits ein gerastertes Bild vorhanden ist und das Originalfoto fehlt, dann ist es sehr schwer, dieses Bild noch einmal aufzurastern, so daß es sauber gedruckt werden kann. Denn man muß dann darauf achten, daß die Struktur, also der Raster verschoben ist. Er muß etwas verdreht sein und zusätzlich noch eine andere Größe besitzen, nur dann tritt der unangenehme Effekt eines Moirés nicht auf.

Wenn ich davon ausginge, daß zwar die Augenflüssigkeit ebenso in Positionen gebrochen ist und jede Gehirnseite auf diese Positionen wirkt, dann muß auch eine Verschiebung eine Art Moiré verursachen, vor allem, wenn die beiden Seiten in ihrer Größe gleich sind und sich parallel überschneiden.

Das heißt, wenn hohe Konzentrationswerte eine gleiche und parallele Anwendung erzwingen. Besteht dabei eine nur noch so geringe Verschiebung, was nicht ausbleiben kann, denn eine hundertprozentige Deckung ist sehr schwer möglich, wenn hohe Konzentrationspotentiale bestehen, dann muß sich dies auf irgendeine Weise äußern.

Ich kam deshalb auch wieder zu der Erkenntnis, daß eine lockere Anwendung der Körperseiten ein symmetrisches Verhalten fördert und dringlich erforderlich ist. Aber wir kennen das ja schon allein durch das Aktivgefälle der Körperseiten.

Der Metzger hatte mir eine Reihe Augen vom Rind und vom Schwein besorgt, so daß ich mich erst mal durch das Zerschneiden der ersten Augen Übung verschaffen konnte. Ich mußte sehr schnell feststellen, daß das doch nicht so einfach war, wie ich mir das vorgestellt hatte. Erstens konnte man die Augen nur sehr schlecht halten, sie glitten einem immer davon, denn die Hornhaut, aber auch der Augapfel bestehen aus einem sehr harten und widerstandsfähigen Material.

Die Linse unter dem Mikroskop betrachtet, brachte mir aber sehr schnell neue Erkenntnisse. Aber da hätte ich nicht unbedingt eine Augenlinse gebraucht um festzustellen, daß, je heller das Licht auf einen Körper auftritt, den man unter dem Mikroskop betrachtet, desto durchsichtiger wird er. Aber auch wenn es sich um durchsichtige Organismen oder Zellen handelt, besteht dieser Effekt. So werden sie oft erst bei sehr geringem Lichteinfall sichtbar. Jeder der mikroskopiert kennt das. Auch bei der Augenlinse und der Augenflüssigkeit, vor allem bei der Augenlinse bestand nun derselbe Effekt. Wenn ich viel Licht auf die Linse gab, dann war sie hell und vollkommen lichtdurchlässig – glasklar. Wenn ich aber das Licht im Mikroskop verringerte und ganz schwach stellte, dann mußte ich feststellen, daß an verschiedenen Stellen überhaupt kein Licht mehr durchdrang, an anderen wurde das Licht sogar verstärkt. Das nicht allein bei einer gekrümmten Linse – nein, auch wenn sie glattgestreift unter einem Glasplättchen untersucht wurde, waren diese Brechungen erkennbar.

Das bedeutete, daß schon leichte Umstrukturierungen in der Linse, aber auch in der Augenflüssigkeit für einen veränderten Lichteinfall sorgen können. Natürlich sind derartige Phänomene nicht so gerade und wie ein Schachbrett aufgeteilt, wie das bei einem Moiré der Fall ist.

Wir kennen alle das Problem, wenn wir abgespannt sind und überarbeitet, uns abends bei schlechter Beleuchtung niederlassen, vielleicht etwas Fernsehen wollen und sehen dann schlechter, vor allem an den Rändern des Sehfeldes und etwas außerhalb vom Sehzentrum. Diese Schleier sind Verdrehungen in der Augenflüssigkeit, die grau, aber auch milchig wirken können, meist aber wie dunkle Schatten erscheinen. Wenn wir uns aber konzentrieren, klar sehen wollen, dann verstärken sich diese Schleier, da durch das Konzentrationspotential immer eine einseitige Struktureinhemmung entsteht. Also durch Überkonzentration vergrößern sich die Aktivbrüche.

Fast alle Menschen leiden darunter. Es ist ein Zeichen erster Sehschwäche und Asymmetrie in der vegetativen Struktur. Denn unser Auge ist komplex in seiner Gesamtheit mit dem ganzen Gehirn verbunden und deshalb bestehen innere Strukturverdrehungen des Gehirns ebenfalls, wenn solch eine Schattenbildung auftritt. Es gibt die Möglichkeit von Rückkopplungen und Einhemmungen dieser Strukturen, die nicht nur in der sehbaren Wahrnehmung ihre Spuren hinterläßt, auch wenn wir Stimmen und Töne hören, die wir uns nur einbilden, dann hängt dies damit zusammen. Diese Schatten können sich durch Positionsbrechungen in das Auge einlegen, ähnlich wie ein Moiré. Auch die Untersuchung der Rinderaugen-Innen-Flüssigkeit ließ eine derartige These bestätigen.

Ich hatte ebenfalls schon seit einiger Zeit vermutet, daß diese Flüssigkeit im Auge, ähnlich wie der Gelenkknochen am Becken entwickelt sein mußte. Auch sind häufig Gelenkprobleme bei Brillenträgern zu beobachten, denn Zusammenhänge wären dann sicher vorhanden. Als ich die Flüssigkeit mittels eines Skalpells aus dem Auge nehmen wollte, stellte ich sehr schnell fest, daß es sich um eine gelatineartige Masse handelte, die elastisch zusammenhängend war. Als würden eben diese Verstrebungen, dieser Flüssigkeit bestehen, wie sie in den Knochenstrukturen vorhanden waren. Es schien so, als würde sich diese Flüssigkeit, diese Masse, wenn sie wieder zusammengebracht wurde in sich verhaken, eine gemeinsame, in sich bindende Struktur bilden. Im ersten Moment, wenn man ein Stück dieser Augenflüssigkeit auf ein Glasplättchen bringt, um es unter dem Mikroskop zu untersuchen – dann hatte ich das Gefühl, als ob diese Flüssigkeit aus sich selbst ausfloß. Es wirkte, wie schmelzendes Speiseeis. Unter dem Mikroskop bestätigte sich meine Vermutung. Diese Augenflüssigkeit bestand aus ganz zarten, feinen Fäden, die leicht gekrümmt waren, wie ein Gitter, das aufgebrochen und aufgelöst wurde.

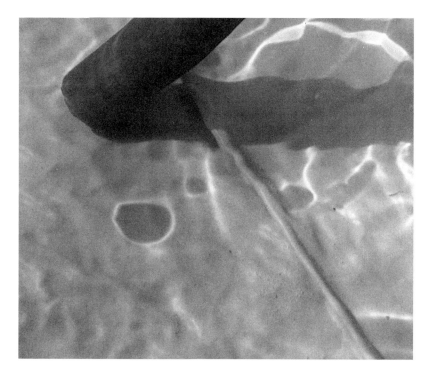

Das einfachste System molekularer Verschiebungen innerhalb einer Masse kennen wir vom Wasser her. Wenn wir innerhalb des Wassers, wie in diesem Becken, mittels eines Stabes eine Verdrehung verursachen, wird das Licht entsprechend gebrochen und dadurch wird das Licht an verschiedenen Stellen gebündelt, an anderen wiederum gestreckt.

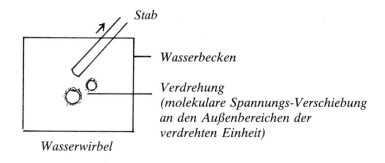

Verschobenes Linsenmaterial eines Rinderauges (20fach vergrößert).

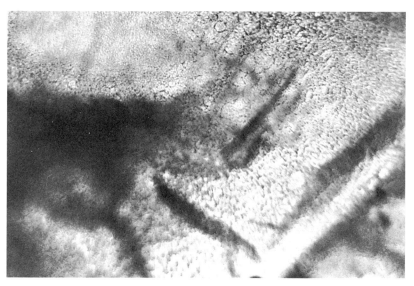

1000fach vergrößerte Linse eines Rinderauges.

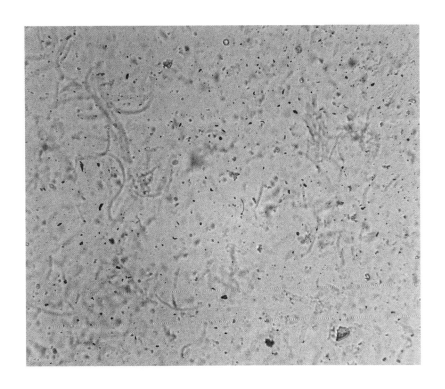

Aus sich ausgeflossene Innenflüssigkeit eines Rinderauges. Deutlich sind die Strukturfäden zu erkennen. Demnach handelt es sich bei der Augeninnenflüssigkeit um eine Art Gitterstruktur, die völlig anders funktionieren kann, als das bei einem Fotoapparat der Fall ist. Denn durch eine Krümmung des Lichtes, nicht nur an der Außenseite der Augenlinse, kann das Licht entsprechend gebrochen werden, auch die Flüssigkeit der Linse und die des Augapfels kann dadurch das Licht brechen, daß ein sehr weit entferntes, wie ganz nah vor das Auge gebrachtes Objekt gleichzeitig scharf gesehen werden kann.
Die Wissenschaft muß hier völlig neue Maßstäbe ansetzen.
Ich hatte selbst immer derartige Fäden im eigenen Auge sehen können. für mich damals ein Rätsel. Durch diese mikroskopische Untersuchung wird dies nun verständlich. Einzelne Fäden können sich aus dem Strukturgitter der Augenflüssigkeit lösen. Sie verhaken sich um andere fest eingebundene Fäden und bilden deshalb oft Verschlingungen durch das Hin- und Herbewegen des Auges. Sie lösen sich meist wieder sehr langsam, bewegen sich nur mit komplexen Verdrehungen der Augeninnenflüssigkeit.

Rindergelenkknochen

Knochenstruktur des Gelenkknochens nach Röntgenbildern.

Innerhalb einer runden Gesamteinheit baut sich ein spezifisches Spannungsgefüge im Wassermolekül auf, was die entsprechende Ausrichtung der Knochenstrukturen zur Folge hat.
Nach einem ähnlichen Prinzip muß auch die Flüssigkeit im Auge ausgerichtet sein. Sie ist verantwortlich für eine gleichmäßige Weiterleitung des Lichts im Auge.

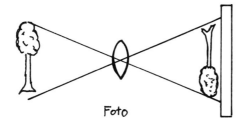

Foto

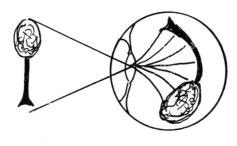

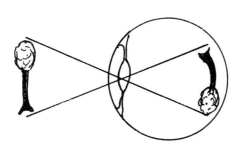

Auge

Man geht allgemein, wenn man „sehen" erklären will, immer davon aus, indem das Prinzip eines Fotoapparates dargestellt wird.
Das Auge ist alles andere als ein Fotoapparat.

Zum einen weist das Auge eine gekrümmte Retina auf.
Beim Fotoapparat dagegen wird das Bild auf eine „Gerade" projeziert.
Zum anderen kann die Linse des Auges zur Hornhaut hin und zum Augeninnenbereich verschieden gekrümmt werden.
Ebenso weist die Hornhaut eine Krümmung auf, die sich entsprechend anpassen kann. Wenn wir davon ausgehen, daß die Ausrichtung der Linsenmasse und die Ausrichtung der Augeninnenflüssigkeit das Licht entsprechend krümmen kann, dann werden wir verstehen, daß sich das Auge gleichzeitig auf Nähe, sowie auf die Ferne einstellen kann.

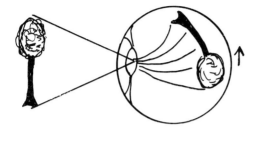

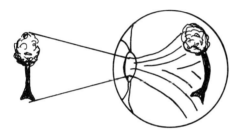

Verändert sich die molekulare Ausrichtung des Wassers, wahrscheinlich an der Stelle der Wasserstoffbrückenbindung, dann entsteht eine veränderte Ausrichtung der Augeninnenflüssigkeitsstrukturen und die Lichtbrechung wird verschoben und verdreht. So baut sich eine ungleichgewichtige Weitergabe des Lichtstrahls auf, es kommt zur Überstrahlung.

Das Sehbild wird erst flacher, dann immer unschärfer auf die Retina projeziert, da die Streuung des Lichts mit der Zeit immer größer wird.

Die Augenmuskeln versuchen auszugleichen, wobei sich dieses Ungleichgewicht auch in diese mit einprojeziert und somit werden sie überkonzentriert und die Sehunschärfe manifestiert sich immer mehr in den gesamten Wahrnehmungsprozess.

So funktioniert ein Fotoapparat!

Stellen wir einen Fotoapparat direkt vor ein Fenster, so können wir nur die Gardinen im Vordergrund oder das Haus im Hintergrund scharf stellen.

So funktioniert das Auge nie und nimmer, wir können uns selbst in jeder Sekunde unseres Daseins davon überzeugen und doch wird der Irrglaube verbreitet, daß ein Auge wie ein Fotoapparat funktioniert. Alle Optiker, eine ganze Industrie lebt durch diese Vorstellung.

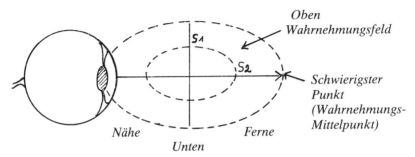

Ein nahe an das Auge gebrachtes Objekt muß genauso deutlich zu erkennen sein, wie das weitest entfernte und das gleichzeitig.
Ich habe erst vor kurzem eine Serie über Wahrnehmungssysteme von Tieren gesehen. Hier wurde so interpretiert, indem man davon ausging, daß nur im Sehzentrum scharf gesehen werden kann und außerhalb des Sehzentrums das angeblich unscharfe Bild durch das Gehirn illusionsmäßig scharf gestellt wird, also durch die Wahrnehmung im Gehirn künstlich geschärft wird. Das ist natürlich völlig falsch. Das Gehirn arbeitet digital und kann das wahrgenommene Bild nicht um ein Millionstel in der Schärfe und Genauigkeit verändern, jeder Organismus würde sofort ins Chaos abstürzen und augenblicklich zerbrechen.
Vielmehr baut sich der Sehbereich innerhalb eines Positionsgefüges einseitig auf. Es entsteht durch Überkonzentration eine Polarisierung des gesamten Empfindungsbereiches, was zur Folge hat, daß wenn sich ein Organismus z.B. auf ein fernes Ziel richtet, ein anderes Positionsgefüge hergestellt werden muß. Bei einer bereits geschädigten Struktur dauert dies einige Zeit und die Sehschärfe wird für einen Moment schlechter, bis wieder Vorstellung des Positionsgefüges mit der tatsächlichen Entfernung übereinstimmt. Wenn ein Auge sich an die Entfernung erst akkomodieren muß, dann besteht bereits eine Schädigung und ein vegetativ ausgeleiertes System, das sich einseitig immer der Situation anpassen muß. Manifestiert sich diese Einseitigkeit in eine der Extreme, ist die Schädigung noch weiter fortgeschritten und erst dann kommt es zur Sehunschärfe, indem die eine oder andere Variante (Nahsehen, in die Ferne sehen) blockiert bleibt.

Lichttherapie und ihre Wirkung

Nun verstehen wir auch, warum eine Lichttherapie wirkt, zumindest im ersten Moment.
Denn, wie wir gesehen haben, bewirkt ein helles Licht, vor allem polarisiertes Licht, daß die Linse und auch die Augenflüssigkeit durchlässiger wird. Fehlerhafte Brechungen aufgehoben werden und vorerst nicht mehr zur Geltung kommen.
Jeder Brillenträger hat sicher schon die Beobachtung gemacht, daß er bei hellem Licht viel besser sieht, als bei dunklem und daß durch Streß und einseitige Einhemmung eine Verschlechterung des Sehbildes auftritt, aber auch vegetative Störungen können dadurch entstehen und sich manifestieren. Deshalb können Therapien auch über das Auge greifen. Aber eine Lichttherapie ist nichts andcres als für einen Moment diese Brüche aufzuheben und die gesamte Struktur zu erleichtern. Wenn nicht die richtigen Mechanismen gefunden werden, die einen strukturellen Ausgleich hervorrufen und ihn bewirken, dann hemmt sich das Ganze bei Wegnahme des Lichtes wieder ein.
Es ist nicht anders, als das Verwenden einer Brille bei Sehschwäche, sie regt sicher nicht an, um durch das lockere und bessere Sehen die Sehschwäche auszugleichen. Man stützt sich eher noch stärker auf den Sehfehler, da er durch das Tragen der Brille aufgehoben wird und eine Regeneration bleibt aus, die Sehschwäche wird eher stärker als schwächer.
Wenn Säuglinge und Kinder schlafen, auch Erwachsene tun das, lassen sie oft ein Auge oder beide einen Spalt offen, vor allem, wenn eine große Müdigkeit besteht. Die Ursache ist mit von der Partie, wir wissen nun warum. Durch die stärkere Belichtung kann erst einmal Druck aus dem Augeninnern genommen werden und damit aus dem Gehirn, so daß ein Einschlafen erleichtert wird, sich die hemmenden ungleichgewichtigen Elemente ausstrukturieren und man einschlafen kann.

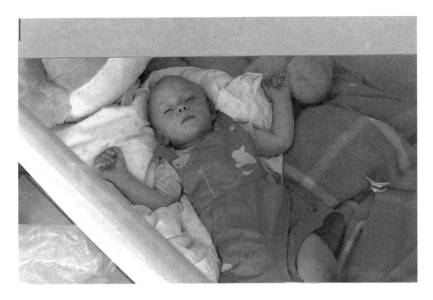

Um ein vegetatives Durchfallen zu vermeiden, kommt es oft vor, daß die Augen während des Einschlafens halb geöffnet sind. Auch während der Traumphasen werden beide Augen, oft aber nur ein Auge einen Spalt geöffnet, um eine spannungsstrukturelle Ausrichtung der Moleküle der Augeninnenflüssigkeit zu erhalten. Das Strukturgitter wird damit stabilisiert, da durch die Wegnahme des Bewußtseins im Halbschlafzustand ein vegetativer Zusammenbruch vermieden werden soll.

Aus dem gleichen Grund kommt es oft vor, daß Kinder beim Einschlafen Licht benötigen, um in einer stabilisierten Phase einzuschlafen, aber fast immer nur dann, wenn durch starke Bewußtseinskonzentrationen (Streßsituationen) eine Art vegetative Labilität hergestellt ist. Schaltet das Bewußtsein endgültig ab – erst dann können in solch einer Situation die vegetativen Kräfte diese Stabilisierung übernehmen.

Aktivitätsgefälle in Lippen und Wangenfleisch

Eine weitere Beobachtung können wir hierzu machen, indem wir unsere Lippen und die Wangen im Mund mit dem Finger vorsichtig abtasten. Wir werden feststellen, daß verschiedene Stellen an der Innenseite der Lippe besonders verhärtet erscheinen. Dies ist auch auf das Aktivitätsgefälle einzelner Zelleinheiten zurückzuführen. Denn durch dieses Aktivitätsgefälle sind einzelne Zellverbände besser mit Blut gefüllt als andere und damit fester gespannt, natürlich führt eine einseitige Aktivitätsbedienung des Organismus dazu, daß dann einzelne Zellbereiche überlastet und die anderen wiederum zuwenig belastet sind. Auch hier gilt das gleiche Prinzip, durch eine zu große Differenz können Schädigungen auftreten.

Ich hatte bereits als junger Mensch immer an Fisteln im gesamten Mundbereich, an den Schleimhäuten, gelitten. Das hat oft sehr geschmerzt, die Haut bricht an diesen Stellen, die verhärtet sind, auf und wirkt faulig, so als ob Teile abgestoßen werden. Diese Stellen sind dann ganz weiß und wenn man sie mit der Zunge berührt, dann brennt es geradezu, daß einem manchmal die Tränen in den Augen stehen. Natürlich verschwinden diese Fisteln von Zeit zu Zeit und entstehen dann meist immer wieder, indem sie immer an mehreren Stellen auftreten.

Mein Arzt meinte dazu, daß man dagegen an sich nur wenig machen kann, da man die Ursachen nicht kennt, man aber annimmt, daß es sich um Bakterien handeln könnte, die man aber bis heute noch nicht analysieren konnte.

Mir ist aber immer wieder aufgefallen, daß diese Fisteln nur auftraten, wenn ich eine Mundatmung durchführte, was darauf zurückzuführen war, daß mein Atmungsniveau zu diesem Zeitpunkt immer recht hoch war, wegen der Verspanntheit meiner Körperseiten. Die eine Nasenseite war total blockiert und die andere

meist zum Teil offen. Ist die Ursache dieser Fisteln vielleicht die, daß sie durch dieses auseinanderbrechende Aktivverhalten der Positionen im Organismus entstehen. Daß verschiedene Zellbereiche durch diese Differenz besonders unter Druck stehen und in sich zusammenbrechen. Auch hier würden genauere Untersuchungen sicher noch einiges ans Tageslicht bringen.
Diese zellstrukturellen Aktivgefälle habe ich nur kurz eingeblendet, um darzustellen, wie wichtig dieses Rastersystem von Positionen ist und welche fundamentale Bedeutung sich auch damit verbindet, wenn es um die Grundstruktur des Lebens geht.
Um aber nicht zu sehr abzuschweifen, fahre ich mit dem Problem der punkt- und spiegelsymmetrischen Übertragung und den damit grundsätzlichen Gegebenheiten in Bezug auf die Körperseiten fort.
Über die innere vegetative Aktivität habe ich in Band I bereits geschrieben und dargestellt, wie z.B. Spannungen über das Gehör und die Raumakustik eingebracht werden können. Gerade wenn man sich entgegen vieler Gewohnheiten verhält oder wenn die Körperseiten umstellen. Danach müßte man seine gewohnten Verhaltensmuster ändern, anders im Raum sitzen usw. Ändert man in diesem Falle die Gewohnheiten nicht, dann kommt es schon allein wegen des Gehörs zu Spannungen, vorausgesetzt, daß eine vegetative Einhemmung besteht.
Um dies besser zu verdeutlichen, werde ich einen Originaltext vom 21.2.89 einbringen, der diese Situation darstellen soll.
Ich hatte diese Zeilen seinerzeit geschrieben, als ich Versuche unternahm mit Gewalt meine rechte Körperseite in einen Aktivzustand zu bringen. Da sie sich immer abschaltete und die linke behinderte.
Wobei ich aber sagen muß, daß eine willentlich und entgegen den gerade bestehenden Bedürfnissen entstandene ständige Rechtsöffnung zu starken Schädigungen führen kann und große psychische und körperliche Probleme mit sich bringen kann, da gerade

bei der Rechtsöffnung starke Gefühlstendenzen und schwankendes Gefühls- und Aggressionsverhalten entstehen, zumal oft eine vegetative Aushemmung damit verbunden ist. Man kann ja alles übertreiben.

Meine rechte, aggressive Seite (21.2.89)

Heute hatte ich wegen der Übungen mit den Körperwellenstrukturen fast den ganzen Tag eine Rechtsöffnung. Sie stellte sich vor allem ein, wenn ich die Augenmuskulatur so veränderte, daß die obere Muskulatur des Auges verkürzt wurde und die untere verlängert, gestreckt. Dabei achtete ich auf eine Entspannung des Nasenbeines, zusätzlich empfand ich die vier Wellenrichtungen des Körpers in ihrer Reihenfolge. Auch die Empfindungswellenbewegungen des Nasenkörpers habe ich dabei immer kontrolliert. Kurze starke Spannungen oder Kopfnicken, Seitwärtssehen, brachten zwischendurch einen Empfindungswellenstau, so daß das ganze System etwas aktiviert wurde.
Ich stand morgens sehr entspannt, aber träge auf, auch hier war die rechte Seite aktiv und diese Lahmheit verbesserte sich erst am späten Morgen.
Ich war den ganzen Tag besonders schlecht aufgelegt, da mich alles ärgerte, was außer der Reihe war. Ich hatte keine Hemmungen Leute, die ich an diesem Tag sah, blöd anzureden, soweit es sich um Bekannte handelte, mir ging jeder auf die Nerven.
Zum anderen fühlte ich mich aber trotzdem irgendwie wohl in dieser grantigen Haut. Meine innere psychische Struktur war verändert, erst am späten Abend stellte sich wieder eine intensive Linksaktivität ein, was ich sofort in den Beinen spürte. Denn mein linkes Bein fühlte sich plötzlich besonders leicht und entspannt an, da es den ganzen Tag geruht hatte, mein rechtes war auf einen Schlag schlaff und stumpf, besonders beim Gehen. Diese Verhaltens-

änderung bei einer reinen Rechtsaktivierung habe ich nun schon einigemale beobachtet.
Vor einigen Tagen hatte ich deswegen auch Probleme, als ich rechtsaktiv an meinem Buch weiterschrieb, da gefiel mir überhaupt nicht, was ich schrieb. Ich hatte einfach das Gefühl, als würde ich nicht gut genug schreiben, als wäre der Schreibstil an diesem Tag besonders schlecht. Ich kritisierte mich selbst, war mit keiner meiner Leistungen zufrieden.
Am nächsten Tag aber, als ich wieder normal linksaktiv war, da mußte ich feststellen, daß das, was ich geschrieben hatte, besonders gut geschrieben war, es war nichts auszusetzen und die Rechtschreibung war ebenfalls besonders gut. Wenn ich nun auf der linken geschrieben habe, dann waren immer viele Fehler und komplizierte Satzstellungen im Text, so daß, wenn ich dies dann immer korrigieren wollte, viele Änderungen nötig waren. Wenn ich links schrieb, dann fielen mir auch immer unendlich viele Sachen ein, besonders, wenn die rechte Seite leicht dazugeschaltet war. Wenn ich rein rechts offen war, dann hatte ich wenige Einfälle, die aber exakter berechnet waren und im Endeffekt ergebnisreicher ausfielen.
So muß ich nun feststellen, daß diese Positionen ganz exakt in mein Bild paßten, das ich mir von der Verschiedenartigkeit der Körperseiten machte. Die rechte Seite war die aggressive, die kritische, eben die vegetativ stärkere. Die linke Seite ist die neutralere, die Seite, die mehr akzeptiert und dafür auch mehr denkt, aber zuviel leistet, so daß nicht jede Tätigkeit mit einem Erfolg verbunden sein mußte. So hatte ich auch immer wieder Schwierigkeiten mit den Seiten. Wenn ich etwas mit der einen Seite getätigt hatte und die andere Seite dies dann zu einem anderen Zeitpunkt nachvollzog.
Auch bei vielen Menschen kann man beobachten, daß die rechte Seite die aggressivere ist, wenn es sich um rechtstendenziöse Menschen handelt. Linkstendenziöse Menschen dagegen sind wesentlich neutraler und vorsichtiger.

Wobei es auch viele Zwischenvarianten gibt. Wenn ich an die Pferde denke, mit denen ich viele Versuche machte.
Da war es bei Lady so, daß sie z.B. in der Aktivitätsphase eingeschränkt war, sie sich nicht auf die rechte Seite umstellte und sich deshalb einhemmte, da die Abwehr in dieser Position leidet und sich vermindert.
Die meisten Pferde, wenn sie aus dem Stall genommen werden, gesattelt sind und in der Halle stehen, bauen in dieser Situation sofort eine Rechtsaktivität auf und stehen dann vorwiegend auf der rechten Seite, bis das erste Lampenfieber vorbei ist und stellen sich dann später auf die linke Seite um, je nachdem, welches Training absolviert wird.

Zur Erläuterung dieses Originaltextes läßt sich einiges sagen. Wir hatten ja schon in Band III (Vegetative Strukturverhalten) gelernt, daß die Körperseiten so zueinander stehen, daß die linke Seite nach Vorwärts gerichtet ist und die rechte Körperseite von ihrer vegetativen Struktur und ihren inneren Drehverhalten, nach Hinten ausgerichtet ist.
Ich hatte mich immer links angewendet und deshalb grundsätzlich immer nach Vorwärts entwickelt. Durch diese extreme Körperseitenumstellung wurde das Bewußtsein nun stärker auf die rechte Seite konzentriert. Da ich mich immer vorwärts angewandt hatte, wandte ich mich auch bei den anfänglichen Rechtsaktivierungen mit der rechten Seite ebenfalls nach Vorne an und so bauten sich gegensätzliche Verhaltenstendenzen auf, im Gegensatz zu den links nach Vorne gerichteten.
Denn ein weiterer Faktor, den wir verstehen müssen, kommt noch dazu. Nach Links/Vorne bedeutet immer auch nach Größer, da eine vegetative Vorwärtsdrehung auch immer eine Vergrößerungstendenz hat. Wenn wir uns Rechts nach Hinten ausrichten, würde das aber auch ein Vorwärtsverhalten für die rechte Seite auf sich selbst bezogen bedeuten. Aber auf den Organismus ins-

gesamt, der innerhalb der Körperseiten ja ebenfalls nach Rechts- und Linkspositionen aufgebaut ist, würde nach rechts und nach vorne immer eine Tendenz nach Kleiner haben.
Das bedeutet, daß wenn wir unser Bewußtsein nach Links/Vorne ausrichten sich die Vergrößerungstendenzen verstärken und wenn wir uns nach Rechts/Vorne anwenden sich dagegen Verkleinerungstendenzen entwickeln. Aggressives Verhalten kann man als eine Verkleinerungstendenz bezeichnen. Frauen sind meist rechtsaktiv und deshalb bauen sie sich einen kleinen Raum, am besten nur um den Herd, in der Gemeinschaft der Familie usw. Sie sind zurückhaltender und eher auf sich selbst bezogen, also alles Verkleinerungstendenzen, wie auch eine stärkere Fett- und Schweißabgabe. Im Gegensatz zum Mann, der sehr häufig linksaktiv ist und deshalb Vergrößerungstendenzen besitzt, also zur Vielweiberei, zum beruflichen Vergrößern und Ehrgeiz, zu starken Sammelleidenschaften neigt. Alle Eigenschaften lassen sich nach dem Wert „nach Kleiner" oder „nach Größer" bestimmen. Es ist sozusagen ein Schlüssel, den wir anwenden können, wenn wir eine grundsätzliche Strukturbestimmung vornehmen.
Um auf den Text zurückzukommen, so hatte ich auch erwähnt, daß sich meine Schreibweise und auch meine psychischen Werte verändert haben. Zum einen ist es ja so, daß ich durch eine lebenslange Links/Vorne-Struktur sehr starke Vergrößerungstendenzen besaß. Das heißt, sich vergrößern wollen, ohne zu wissen warum, hineinzuessen, wenn ich Essen sah, ohne nur einen Bruchteil dieses Essens verwerten zu können.
Aber auch im Denken äußerte sich diese Links/Vorne-Struktur, indem ich unendlich in meinen Gedanken ausschweifen konnte. Sätze, die eine halbe Seite lang sind, an deren Ende ich gar nicht mehr wußte, was ich am Anfang sagen wollte. Eine typische Vergrößerungstendenz. Wenn ich schrieb, dann vergrößerten sich die Sätze immer mehr, dann noch ein Zwischensatz eingefügt und noch einen halben Satz angehängt und noch ein Element einge-

bracht. Ich war mit dem zufrieden was ich schrieb, da die Gedanken schnell liefen und auch die Wahrnehmung locker und elastisch war, man in der Linkseinhemmung allgemein zufrieden ist, sich wohlfühlt. Wenn aber die linke Seite verschlossen und die rechte aktiv war, dann kam alles ganz anders. Die Sätze wurden immer kleiner und wenn ich noch einen halben Satz hinterher schrieb, dann paßte dieser gar nicht richtig in den Leserhythmus. Es wirkte, als wenn man an einem kurzen und bündigen Satz, der bereits abgeschlossen ist, noch schnell ein paar Worte dranhängt, die man viel besser in den eigentlichen Satz einfügen hätte können. In den ersten Büchern finden wir viele solcher Sätze, die ich oft in der Korrektur belassen habe, da sie auch meine momentane strukturelle Anordnung bestimmten und ein Zeichen einer Rechtsöffnung sind. Ich schrieb fast nur kurze Sätze und das Lesen wurde immer langsamer, möglichst nach ein paar Wörtern schon wieder einen Punkt, vielleicht noch ein paar Worte hinterhergeschmissen und dann kurz und bündig den Punkt gesetzt. Ein typisches Verkleinerungsverhalten. Dann wurde ich auch immer kritischer, die Einfälle blieben aus, am liebsten war es mir dann, daß ich nur einen Text abschrieb, der schon vorgeschrieben war, was für mich, wenn ich die linke Seite geöffnet hatt, ein Greuel gewesen war. Wir sehen, daß psychische Verhaltensmuster eine rein vegetative, mechanische Anordnung darstellen, indem ein bestimmtes Aktivgefälle in Verbindung mit der bewußten Anwendung stattfindet und Verhaltensweisen im eigentlichen gar nicht unserem Willen unterliegen. Hat man Verkleinerungstendenzen und ändert die mechanische Anwendung nicht, dann bringt man sie auch nicht so ohne weiteres los. Baut man dagegen die entgegengesetzte Mechanik auf, dann verschwinden entsprechende Verhaltensmuster sofort und können dann gar nicht mehr vorhanden sein, auch wenn wir dies noch so wollten. Denn der Wille allein kann überhaupt nichts, es kommt immer und nur ganz allein auf die Anwendung der inneren Mechanik an.

Kontrastverhalten der Wahrnehmung

Um den nächsten Versuch zu beschreiben und die Folgen, die daraus entstehen, bedarf es erst einiger Erläuterungen.
Wie wir aus den letzten Bänden erfahren haben, besteht in organischen Strukturen eine Symmetriegrundlage, die zu jedem Reiz ein bestimmtes Verhalten auslöst. Es gibt ein Zu-Verhalten ebenso wie ein Kontrast-Verhalten, wobei das Kontrastverhalten die ausgleichenden Tendenzen in sich trägt. Also zu dem Reiz wird ein Kontrastverhalten erzeugt, das ein Gleichgewicht herstellt. So daß sich Reiz und Reaktion auf den Reiz ausgleichen. Die Struktur ist so angeordnet, daß immer ein gegensätzlicher Wert erzeugt wird. Wir kennen das ja vom Körpergleichgewicht her.
Aber nicht nur auf dieser Basis besteht ein Kontrastverhalten, auch in den psychischen Bereichen. Wenn wir ins Licht sehen, vor allem in die Sonne, dann baut sich aus einem Reflex her ein Kontrastempfinden auf, das in der Sonnenscheibe einen bräunlich/rötlichen bis schwarzen Fleck erzeugt. Das heißt, die psychische Struktur ist so angelegt, daß jeder Reiz ein gegensätzliches Empfinden erzeugt.
Wenn wir eine Farbe sehen, dann kann sie nur bewußt aufgenommen werden, wenn das Kontrastverhalten in Ordnung ist. Wenn ich z.B. Rot betrachte und es bewußt wahrnehmen will, dann wird dieses Rot automatisch durch eine gegensätzliche Farbe unterlegt. Auf Rot kann z.B. Grün liegen. Wobei nach meinen Beobachtungen die stärksten Kontraste zwischen Blau und Gelb bestehen. Wenn ich Blau sehe, dann wirkt es desto intensiver, je stärker das Bewußtsein auf der anderen Seite der Positionen, die nicht bewußt wahrnehmen, Gelb unterlegt. Wenn ich Schwarz betrachte, dann wird es, wenn eine bewußte Erfassung entwickelt werden soll, mit Weiß unterlegt. Das hat den Effekt, daß das Sehvermögen verbessert wird und Grauwerte besser gesehen werden können.

Daraus können wir ableiten, daß z.B. Menschen, aber auch Tiere mit starkem Kontrastverhalten wesentlich intensiver empfinden, da sie stärker gegensätzliche Werte entwickeln, wenn eine bewußte Konzentration erfolgt. Eine Katze hat ein starkes Kontrastverhalten, wenn man sie hochnimmt, wird sie sofort ausbrechen wollen. Und wenn man sich von ihnen wegwendet, dann kommen sie auf einen zu. Tritt man einer umherstreunenden Katze dagegen wieder entgegen, dann weicht sie aus. Eine Zu-Struktur würde da ganz anders reagieren. Auch bei Kleinkindern ist das meist nicht anders. Wenn sie eine starke Kontrast- und Ausgleichsstruktur besitzen, dann können sie keine Schmusekinder sein, denn in dem Moment, wo man sie in den Arm nimmt, weichen sie, wollen wieder herunter. Wenn man sie dann nicht mehr beachtet, dann kommen sie auf einen zu.

Also ein typisches Kontrastverhalten, das auf einer mechanischen Basis funktioniert. Eine Situation möchte ich hierzu beschreiben. Als meine Frau einmal zwei Tage geschäftlich unterwegs war, war ich mit Stefan, der gerade drei Jahre geworden war, allein. Am zweiten Tag fragte er nach seiner „Mami". Man merkte, daß sie ihm fehlte, er wäre ihr sicher gerne um den Hals gefallen, wenn sie da gewesen wäre. Aber wie oft in solchen Situationen als dann das Ereignis eintrat, seine „Mami" zur Tür hereintrat, da tat er so, als wenn er sie nicht beachten würde.

Auch wir erleben oft solche Situationen. Wenn wir uns auf eine Sache freuen, die wir uns so sehr ersehnt haben. Tritt die ersehnte Situation dann endlich ein, dann können wir uns gar nicht richtig freuen. Solche und alle gleichgelagerten Erlebnisse beruhen immer auf der Grundlage eines starken Kontrastverhaltens. In dem Moment, in dem die Situation eintritt, steht sie im Kontrast zu der zuvor empfundenen Wirklichkeit und somit tritt ab dem Schnittpunkt des tatsächlichen Ergebnisses eine Umkehrung ein und das, was wir ersehnt haben, wollen wir nicht mehr verarbeiten, obwohl wir es in Wirklichkeit doch wollten.

Unsere Struktur ist dann mechanisch nicht in der Lage die Wahrnehmung so zu gestalten, daß wir dann das ersehnt Erlebte auch intensiv erfassen können. So steht auch eine weitere negative Tendenz in diesem Element der vegetativen Aushemmung und dem Kontrastverhalten, da wir auch gegen uns selbst in Kontrast stehen und fördert deshalb auch Aggressionen gegen uns selbst. Todeswünsche können auf dieser Grundlage entstehen. Wobei auch hier wieder bei der Erfüllung des Todeswunsches prinzipiell eine Umschaltung entsteht und damit auch das Bedürfnis wieder umgekehrt wird.

Wenn jemand Selbstmord begehen will und ich sage ihm: „Dann bring Dich doch um", und er steht bereits auf dem Brückengeländer, dann erfährt er quasi durch die fast perfekte Erfüllung des Wunsches ein Kontrastverhalten eine symmetrische Brechung, da die Ausführung ja nicht dem zuvor Gewünschten entspricht. Es entsteht ein Bruch, an dessen Nahtstelle eine Umkehrung entsteht und so wird mit der Erfüllung des Selbstmordes der Wunsch nach Leben wieder geweckt.

Also auch in extremen Fällen ist eine mechanische Grundlage vorhanden und nun verstehen wir, warum eigentlich die meisten Selbstmordversuche scheitern und fast immer noch rechtzeitig zur Umkehrung kommen. Meist werden, wenn ein tatsächlicher Selbstmord vorliegt, Fehler gemacht oder auch die Todesart so gewählt, daß sie innerhalb der letzten Minuten nicht mehr rückgängig gemacht werden kann.

Allgemein läßt sich sagen, daß das Kontrastverhalten, wenn es sehr intensiv ausgelegt ist, deshalb zu extremen Problemen führen kann, wie Ängste, schwankende Gefühlswelt, extremes traumatisches Empfinden, usw.

Ich hatte während vieler Versuche dieses traumatische Empfinden kennengelernt, in vielen Schattierungen, und deshalb verstehe ich auch die Menschen, die Probleme mit sich selbst haben. Denn aus solchen Situationen kann man sich nie lösen, wenn

damit nicht gleichzeitig die innere mechanische Grundlage verändert wird. So übte ich an dem beschriebenen Tag eine besondere Art des Kontrastverhaltens in mir zu fördern, denn Asthmakranke haben ein Zu-Verhalten und ein vermindertes Kontrastverhalten.
Ich versuchte dabei tagelang in ständigerweise Kontraste zu entwickeln. Wenn ich in Schwarz sah, versuchte ich psychisch Weiß zu unterlegen. Mit der Zeit merkt man dann auch wie man in dunklen Stellen nun deutlich besser Schattierungen unterscheiden kann. Aber auch wenn ich z.B. auf helle Wände sah, unterlegte ich diese mit einer starken Vorstellung von Schwarz. Wenn ich in den Himmel sah, dann versuchte ich mir meine gelben (gelb/orange) Anteile in der Iris vorzustellen, denn sie müßten genau das Kontrastbild zum blauen Himmel und zu den anderen blauen Teilen in meiner Iris passen. Wenn ich Rot sah, dann unterlegte ich mit Grün und bei Grün mit Rot.
Das hatte natürlich den Effekt, daß wenn ich grüne Büsche oder Bäume betrachtete, diese nun sehr viel stärkere Rotanteile in sich hatten. Ich erinnerte mich an meine Lehrzeit. Als Drucker lernt man natürlich, daß ein Vierfarbdruck immer so aufgebaut sein muß, daß, auch wenn ein ganz intensives Rot gedruckt wird, in ihm trotzdem noch feinste Punkte in gelb und blau enthalten sein müssen. Ein ganz reines Rot in einem Vierfarbdruck würde unrealistisch wirken und würde kein gutes Gefühl für die Augen vermitteln.
Nun verstehe ich, warum dies so sein muß, denn durch diese feinen, fast nicht wahrnehmbaren Teile aller anderen Farben, kann das Kontrastverhalten gefördert werden und das bewirkt eine intensive und lockere, entspannte Erfassung und Wahrnehmung der Farben und damit auch eine stärkere räumliche Vorstellung.
Die Übungen mit dem Aufbau des Kontrastverhaltens und dem Einblenden von Gegenfarben hatte ich seinerzeit entwickelt, um auf meine Sehschwäche einzuwirken und meine Sehfähigkeit

zu verbessern. Wobei ich aber darauf hinweisen muß, daß durch solche Übungen allein eine Sehschwäche sicher nicht aufgehoben werden kann. Sie kann für einen kurzen Zeitraum, nach meinen Schätzungen, zwar um ca. 0,5 Dioptrien verbessert werden, wollte man eine Sehschwäche, die höher liegt, damit ausgleichen, es zu sehr starken psychischen und vegetativen Störungen kommen muß. Würde man an einer sehr leichten Sehschwäche leiden oder würde man durch diese Übungen die Sehschärfe erhalten wollen, dann wäre dies sicher sehr gut möglich, man müßte sich aber durch diese Übungen immer im verstärkten Kontrastverhalten befinden. Das bewirkt dann, wenn jemand durch solche mechanischen Übungen ständig einen Ausgleich schafft, daß sich sehr starke psychische Charaktereigenschaften mit diesem Kontrastverhalten aufbauen und manifestieren werden. Man würde sich in solch einem Fall ständig psychisch gegen eine drohende Sehschwäche und Erfassungsschwäche lehnen und das tun sicher viele Menschen unterbewußt und vegetativ.

Jeder kann hier selbst den Versuch unternehmen und an einem hellen sonnenscheinbeladenen Tag einmal in eine Gruppe Büsche sehen, dort wo sich ein sehr dunkler Schatten aufbaut. Wenn wir nun versuchen dieses tiefe Schwarz, das wir im ersten Moment empfinden, durch Vorstellung mit Weiß zu unterlegen, dann werden wir merken, daß wir plötzlich wesentlich differenzierter die Grautöne in diesem Schatten wahrnehmen können.

Pferde und andere Tiere besitzen ein starkes vegetatives Ausgleichsverhalten und damit ein besseres Kontrastverhalten als der Mensch, deshalb können sie in der Dämmerung auch besser sehen. Wenn wir aber psychisch bereits sehr überlastet sind, dann wird es nicht so ohne weiteres möglich, schwarze Wahrnehmung mit Weiß zu unterlegen. Da hilft uns auch wieder die Natur, denn die meisten Tiere, wie auch der Mensch, besitzen ein natürliches Solarzellen-System, mit dem sie psychische und vegetative Prozesse laden können. Es handelt sich um das Weiße des Auges und um die Zähne. Sie sind nicht des Zufalls wegen oder durch Mutation und Anpassung weiß entwickelt, denn jedes Lebewesen würde sich durch weiße Zähne oder Augen, z.B. in der Dunkelheit erst richtig verraten. Nein, es kann kein Anpassungsmechanismus gewesen sein, der durch Mutation derartige Positionen geprägt hat. Das mit den Mutationen als Evolutionsträger ist ja totaler Quatsch und eignet sich ebenso wie das Märchen vom Klapperstorch, der die Kinder bringt, höchstens für ein Märchenbuch. Nein, das Weiß der Augen ist zwar sicher auch evolutionstechnisch entstanden, aber nicht durch Mutation, sondern durch ein Angleichungsprinzip und ein Bedürfnisprinzip, das ich aber hier nicht näher erläutern kann.

Mir kommt es erst einmal vielmehr darauf an, was die weißen Zähne bewirken und ebenso das Weiße des Auges. Vor vielen Jahren, als ich einmal eine Dunkelkammer benötigte um eine Reprokamera zu installieren, die Fenster abdichten wollte, passierte mir folgendes: Ich hatte einen groben Fehler gemacht, da ich keine schwarze Folie hatte, nahm ich weiße und da konnte ich machen, was ich wollte, auch bei mehrmaligem Überkleben, der Raum war fast so hell wie davor. Als ich dann später eine schwarze Folie nahm, klappte die Verdunklung bereits bei der ersten Lage vollkommen. Ich hatte gelernt, daß bei weißem Material Licht durchscheint, daß es nahezu für eine bestimmte gerichtete Lichtebene vollkommen durchlässig ist. Nicht anders ist es mit den Zähnen und den Augen. Weiß bedeutet, daß dort Licht eingefangen und als Regulationseinheit verwendet werden kann.

Die Belichtung des Augapfels bedeutet ein Gleichgewicht zu schaffen, gegenüber ein durch Streß überladenes, zu bewußt wahrgenommenes Bild im Augapfel. Aber auch die Belichtung der Zähne bewirkt eine vegetative Reaktion. Deshalb ist es ja so wichtig, daß die Zähne so lange wie möglich erhalten bleiben, da mit deren Impulsen vegetative Ausgleichsprozesse entwickelt sind. Wenn die Zähne gezogen werden, dann fehlt die Belichtungseinheit und das Wachstum des Kiefers verändert sich. Ebenso werden sicher auch viele andere Positionen und Strukturen mit dem Verlust der Zähne gleichzeitig entstehen. Dieses Wissen brachte mich auch darauf zu achten, wie sich für die einzelnen Übungen Unterschiede ergeben, bei den differenzierten Belichtungen von Zähnen und Augen. Was wir für diesen Versuch wissen müssen. Wenn wir uns hart tun schwarze Wahrnehmung mit Weiß zu unterlegen, dann können wir die Zähne oder den Augapfel zuhilfe nehmen und sie entsprechend belichten. Wir werden sehr schnell merken, daß sich die Vorstellung von Weiß dadurch geradezu sehbar verbessert. Besonders wenn wir an das Weiß des Augapfels denken, dann können wir uns das weißeste Weiß unseres Lebens vorstellen, weißer geht es nicht mehr. Wir sehen dieses Weiß des Augapfels unterbewußt und können es somit als Wahrnehmungsträger verwenden.

Wir verstehen nun warum kein Tier schwarze oder rote Zähne haben kann, denn dann würde ein Regulierungssystem nur bedingt arbeiten können, denn in Weiß, und nur in Weiß, sind alle Farben enthalten, die als Kontrastfarben benötigt werden. Schwarz ist ja keine Farbe in dem Sinne, denn bei Schwarz ist das Licht weggenommen. Wir verstehen aber auch, daß dann schwarze Schatten durch diese Weißeinblendung aufgehellt werden können. Aber wie funktioniert dies dann mit den weißen Flächen?

Auch hier gilt dasselbe Prinzip, indem einerseits ein Kontrastvorstellung erzeugt wird. Wenn wir auf eine weiße Wand bei hellster Sonnenbeleuchtung sehen, dann werden wir plötzlich die kleinsten Punkte und Unebenheiten des Putzes dieser Hauswand erkennen. Sie wirkt dann etwas dunkler als zuvor, als wenn ein grauer Schatten darüber gezogen wurde.

Auch hier gibt es dann wieder Unterschiede, denn die Wirkung kann bei dem einen oder anderen doch etwas schwanken. Eine Zu-Struktur wird, wenn sie auf eine Wand sieht, geblendet sein, ein grundsätzliche Kontraststruktur wird schneller und automatisch einen dunklen Schatten unterlegen, so daß die Wirkung, wenn sie künstlich forciert wird, doch wesentlich geringer ist, als bei der Zu-Struktur. Es wird deshalb verständlich, daß es sich bei Schwarzen und Menschen, die in südlichen Ländern leben, um den Typus handelt, der doch wesentlich stärker eine Kontrast-Struktur besitzt und zur vegetativen Aushemmung neigt. Das bewirkt auch gleichzeitig ein geringeres Arbeitsbedürfnis, aber auch allgemein geringere Bedürfnisse, bewirkt aber höhere Ängste und Götterglauben usw. Durch starke Licht- und Schattenvorgabe wird sich ein stärkeres Kontrastverhalten entwickeln.

Wenn ich nun wieder auf die Schwarzeinblendung zurückkomme, dann paßt es aber im ersten Moment nicht recht zusammen, denn wenn eine Weißeinblendung mittels Sonnenlicht und weißer Zähne erzeugt wird, dann müßte doch Schwarz durch schwarze Körperteile eingebracht werden. Aber gerade das geht nicht. Denn wie wir wissen, läßt Schwarz kein Licht durch und deshalb kann über schwarze Elemente keine Reizgabe erfolgen. Wenn wir aber wissen, daß ja das System besteht, indem Kontraste aufgebaut werden und sie bereits in der Struktur bestehen und daß durch Überspielung oder Umkehrung auf die jeweils andere Körperseite gegensätzliche Reaktionen erfolgen, dann werden wir auch verstehen, daß hier ebenfalls dieselben Reizungen über die Zähne und Augen erfolgen, sie aber anders aufgenommen und sozusagen umgeschaltet werden, so daß ein Schwarz entsteht und wahrgenommen wird, das kein Nichts ist, sondern einen Wert besitzt, also ein umgekehrtes Weiß und ein Gleichgewicht aufbauen kann.

Schon die geringsten Lichtreize wirken auf die weiße Augenhülle und führen je nach Belichtungsbereiche zu entsprechenden Einbindungen und Spannungen, fördern deshalb auch ganz bestimmte Verhaltensweisen. Entscheidend ist dabei, ob der untere Teil des Augapfels oder der obere Bereich belichtet werden. Neutrale Spannungstendenzen werden bei der Belichtung der seitlichen Bereiche erzeugt. Man muß immer bedenken, daß sich der Lichtreiz sehr weit hinter den Augapfel leitet, da Weiß vollkommen lichtdurchlässig ist, die Lichtstreuung extrem verursacht wird.

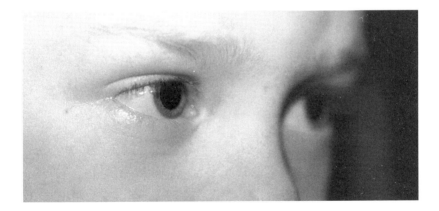

Beim Lachen und bei starken Reizquellen, wie direkter Sonneneinwirkung oder Blendung, wird das Auge etwas verschlossen, so daß das Licht nicht direkt an den Augapfel einfallen kann. Dadurch werden Spannungen vermindert und es kommt zu einer Lockerung und damit einer gefühlsmäßigen Verminderung bewußter Konzentrationen.
Viele Tiere haben z.B. keine weißen Stellen am Augapfel, sie können sich deshalb in der Regel nicht bewußt in eine Situation einbinden und nur vegetativ reagieren.
Ein zu starkes Belichten des Augapfels kann zu vegetativen Blockierungen führen aber auch als Antwort gegen ein vegetatives Durchfallen, also ein Bremsverhalten sich beschleunigender vegetativer Prozesse dienen, da durch die Weißbelichtung eine Positionsbremsung erzeugt wird.

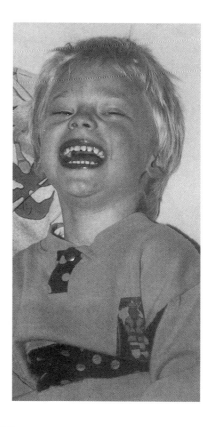

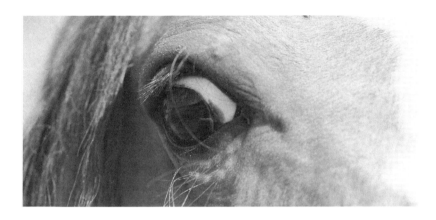

Die Augen zweier grundverschiedener Pferdecharaktere:
Lady (oben), sie hat Atmungsprobleme und leidet an vegetativen Verspannungen. Durch Dauerbelichtung der oberen Bereiche des Augapfels wird diese vegetative Blockierung gefördert (langsame Verdauung usw.). Sie ist besonders gutmütig und erduldend (linksaktiv).
Atlanta (unten) dagegen ist vegetativ, extrem locker und reagiert sehr leicht impulsiv, schreckhaft und eigenwillig. Sie verstärkt diese vegetative Lockerung durch Belichtungsverminderung der Augapfelaußenseite. Sie ist zwar brav, aber schreckhaft. Würde sie den oberen Teil des Augapfels belichten, dann wäre dies jedoch eine negative bösartige oder aggressive Tendenz. Es kommt also immer etwas auch auf die Grundstruktur eines Charakters entsprechend der Belichtungsteile an, welche Tendenzen gefördert werden.

Vegetatives Kontrastverhalten – Geschmack: bitter und süß

Seinerzeit, als ich den intensivsten Übungsbereich, den ich je machte, durcharbeitete, fielen mir sehr viele Veränderungen meiner Psyche und meiner Empfindungen auf.

Ich ging ja sehr viele Jahre davon aus, daß wenn ich von meinem überbetonten Linksverhalten wegkommen wollte, da ich eine typische Links-Struktur hatte, daß ich mit Gewalt rechtsstrukturierte Übungen machen müßte. Da ich vegetativ zu sehr eingehemmt war, ich auch Übungen machen mußte, die mich vegetativ wieder aushemmten.

Einfach und bildlich gesagt, wenn jemand ständig nach links laufen will, er dies ändert, indem er von nun an immer nach rechts läuft, dann müßte sich ein ausgeglichenes Gehverhalten einpendeln. Also mit dem Motto, wenn es nicht klappt, dann üben wir das eben bis es klappt. Daß dieses System bei vegetativen einseitigen Verhaltenstendenzen nicht zutrifft, wissen wir ja von der Sehschwäche zur Genüge. Denn, auch wenn ein unscharf Sehender noch so viel übt, er würde eher schlechter als besser sehen.

So entwickelte ich extreme Übungen und führte sie oft über Monate äußerst extrem und verbissen durch. Ich steigerte mich oft tagelang in eine einzige Übung, Minute für Minute, Sekunde um Sekunde, hinein. Daß da ganz extreme Verhaltensweisen und Empfindungen herauskamen ist sicher verständlich. Vor allem stellen sich durch komplette Strukturkippungen Umstellungen in extremer Weise von Rechtspositionen auf Linkspositionen, oder auch durch allgemeine strukturelle vegetative Aushemmung besonders starke Veränderungen im Sehbereich, im Geruchs- und auch im Geschmacksempfinden ein. Auch das Sauberkeitsbedürfnis kann sich extrem verändern, Ängste können gerade bei der vegetativen Aushemmung und einer Positionsumkehrung extrem ausbrechen, das kann bis zum Verfolgungswahn führen, da durch

die Positionsumbrechung Bereiche wahrgenommen werden, die sonst im gegenüberliegenden Teil des bewußt Erfaßten liegen und deshalb zu extremen Kontrastverhalten und Umkehrungstendenzen führen.
Angst ist ja nichts anderes als ein umgedrehtes Wahrnehmungsverhalten, das sich rückwärts und auch umgedreht oder immer entgegengesetzt dem, was gerade erfaßt wird, anwendet. Also zum vorwärts gerichteten Positiven wird immer ein umgedrehtes Negatives oder Rückwärtiges eingeblendet, da das Bewußtsein in einen Kontrastbereich eindringt, den wir normalerweise im Schlaf oder auch unterbewußt bearbeiten. Wobei noch kurz zu erwähnen wäre, daß hier in keiner Weise eine Bewußtseinserweiterung eintritt, wie das bei den Suchtverhalten, auch bei der Drogensucht immer angenommen wird. Es entsteht nur eine Verschiebung, so daß Teile vermindert werden, die normalerweise in den bewußt erfassenden Positionen liegen, was zu Handlungen führt, die entgegengesetzt den normalen sind, da Teile fehlen, die normalerweise Hemmungen hervorrufen. Wenn jemand denkt er springt aus dem Fenster, dann bestehen in den vorwärtigen oder Linkspositionen Hemmungen, die dann aufgehoben werden können, also nicht mehr greifen können, da sie dem Bewußtsein nicht mehr zur Verfügung stehen.
Kurz zu den Übungen, die ich seinerzeit machte. Um das Kontrastverhalten zu fördern, was im allgemeinen positiv ist, wenn es auf eine angenehme Weise erfolgt, da dann vegetative Ausgleichsmechanismen hergestellt werden. Vor allem, wenn dies im Spiel erfolgt und damit das Bewußtsein, die intensive bewußte Erfassung aufgehoben wird. Ich habe aber ständig äußerst bewußt die Übungen gemacht und mir z.B. tagelang im Sehbereich ein Kontrastverhalten aufgebaut. Das geht ganz gut, wenn man versucht, mit geistiger Kraft Kontrastfarben einzuprojizieren. Also wenn man farbige Objekte anvisiert und sich immer die Komplementärfarben vorstellt.

Blau wird dann in der gedanklichen Konzentration mit Orange; Rot mit Grün und Schwarz mit Weiß unterlegt. Man kann dabei Hilfsmittel nehmen, dann geht es natürlich besser. Wenn man in eine dunkle Stelle sieht, dann ist ein Weiß richtig fühlbar, wenn ich dabei die Zähne belichte und versuche, das Weiß der Zähne in dieses Schwarz einzublenden.

Beim Farbblinden besteht deshalb eine Verdrehung in einer der Positionsebenen, so daß zwischen Rot und Grün nicht mehr unterschieden werden kann, das heißt, die eine Positionsgruppe ist verdreht in dieser Ebene, so daß sie sich umgedreht in die gegenüberliegenden Positionen einträgt und deshalb können die beiden Farben nicht auseinandergehalten werden.

Ein weiterer Übungskomplex lag darin, daß ich mich an alle Kanten heranmachte. Da ich ja Brillenträger gewesen bin und an einer Sehunschärfe litt, wiesen alle Kanten, also Hausdächer usw. Verzerrungen auf. Wenn wir auf eine Hausecke sehen, der Hintergrund hell ist, so daß sich das Haus deutlich vom Hintergrund abhebt, dann sieht man einen Schatten, der natürlich verschiedener Natur sein kann. Einmal wird bei einer eingefahrenen (geschlossenen) Sehunschärfe die Kante unscharf gesehen, so als ob man einen Fotoapparat unscharf stellt. Da ich aber bereits eine offene Sehunschärfe hatte, sah ich versetzte Schatten mit eingeblendet. Das führte dazu, daß sich die Sehunschärfe zwar nicht verstärkt, das Bild als solches doch wesentlich unschärfer ist, die Schatten aber so zu sehen sind, als wenn sich mehrere falsche Bilder mit überlagern.

Ich versuchte dann die Kante nicht mehr wahrzunehmen, sondern den Raum, der an der Kante angrenzte, also eine nichtwahrnehmbare gegenüberliegende Hälfte, die nur vorstellbar ist, zu erfassen. Ich stellte mir den Schnittpunkt zu der entsprechenden Kante vor, die Kante sollte selbst nicht wahrgenommen werden, um so in meine Kontraststruktur einzubrechen, in den Teil meines Gehirns vorzudringen, der uns eigentlich verboten und dem

Gesunden vorenthalten bleibt. Aus der Beobachtung über die offene und geschlossene Sehunschärfe läßt sich einiges ableiten. Ich halte diese Thematik für so wichtig, daß ich kurz darauf eingehen werde. Denn es läßt sich daraus ableiten, daß unser Gehirn nicht verwaschen wahrnimmt und Daten so einfach manipulieren kann.

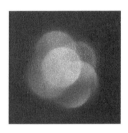

Offene Sehunschärfe:
Bei der offenen Sehunschärfe liegt eine vegetative Strukturverdrehung vor, die rein mechanischer Natur ist.
Wird diese Verdrehung neutralisiert, dann ist dieser Teil der Sehunschärfe aufgehoben.

Geschlossene Sehunschärfe:
Die geschlossene Sehunschärfe hat sich in der Ziliarmuskulatur der Augenlinse manifestiert.
Die Muskulatur ist starr in einer bestimmten Position eingefahren.
Unscharfes Sehen setzt sich immer aus beiden Varianten zusammen.

Gerade im Sehbereich wird dies deutlich. Allgemein wenn man sich mit Menschen unterhält, dann glauben sie, daß das Gehirn einen Ausgleich schaffen kann, indem es zwei nicht exakt übereinstimmende Bilder verwäscht und angleicht, sozusagen eine Verzerrung schafft, um zwei differierende Objekte als eines wahrzunehmen. Das Gehirn schafft es zwar, daß zwei ähnliche Bilder so angeglichen werden und man nur eines sieht, wobei die Differenz aber immer erhalten bleibt. Sie wird als Gefühl oder als Raum wahrgenommen und so entsteht die räumliche Wahrnehmung. Wobei aber nicht alle Bereiche in gleicher Weise wahrgenommen werden, sondern immer nur ein Wert, der Gegenwert in der Differenz wird immer unterbewußt dazugerechnet. Wenn wir uns etwas vorstellen, dann ist diese Vorstellung immer 100 %ig scharf eingestellt. Und wenn das Auge sich unscharf stellt, kann das das Gehirn nicht ausgleichen. Hätte ich z.B. ein scharfes und ein unscharfes Auge, dann erhalte ich nicht eine Mischung aus beiden Bildern, sondern kann entweder nur scharf oder unscharf sehen.

Ich hatte eine zeitlang auch geglaubt, daß sich Manipulationen im Gehirn herstellen lassen, die z.B. eine Unschärfe erzeugen, so daß dann das unscharfe Sehbild im Gehirn manipuliert werden kann. Wie ich heute weiß, arbeitet das Gehirn immer „digital" und deshalb ist auch die Wahrnehmung viel zuverlässiger als man oft annimmt. Diese digitale Anwendung ist aber auch nötig, denn nur so kann sich ein selbstregulierendes System des scharfen Sehens erst entwickeln. So daß ein Anpassungsdruck zwar im Gehirn vorhanden ist, er sich aber rückgibt, da das Gehirn immer nur korrekt und digital mit der totalen Schärfe arbeitet und so eine Ausgleichstendenz und einen Ausgleichsdruck an die Augen zurückgibt, der dann zu Spannungen und Überdruck im Auge führt. Nun, bei der Sehunschärfe ist aber die innere Positionsgrundlage verschoben, so daß ein Druck auf die Augenmuskeln ausgeübt wird, der anfänglich an den äußeren Augenmuskeln

ruckt und sie verzerrt. Wenn noch keine Verschiebung der inneren Augenmuskeln besteht, dann haben wir eine offene Sehunschärfe. Durch Dauerverzerrung paßt sich mit der Zeit auch die Muskulatur der Linse an. Die Linse krümmt sich gleichmäßig und so wird aus der offenen eine geschlossene Sehunschärfe, die ein gleichmäßig verzerrtes Bild, so wie wir es beim Unscharfstellen einer künstlichen Linse kennen. Wobei natürlich entscheidend ist, wie locker oder stabil eine vegetative Struktur ist. Entsprechend tritt eine offene oder geschlossene Sehunschärfe auf. Die meisten Brillenträger, die ich kenne, haben aber beide Varianten. Das heißt, es ist immer eine offene und eine geschlossene Sehunschärfe vorhanden, wenn es sich um Brillenträger handelt.
Die Ursache und Grundlage einer Sehunschärfe ist aber immer die vegetative Positionsverschiebung, die ich in diesem Buch ausführlich behandle.
Die kurze Einblendung über Verbindungen zwischen Sehschärfe und vegetativen Verhaltenstendenzen soll vor allem deutlich machen, daß wir nicht das eine verstehen können, wenn wir auch alles andere behandeln. Leben ist ein ganzheitlicher Prozess und alle Positionen sind miteinander verbunden. So spielt auch das Kontrastverhalten im Sehbereich eine sehr große Rolle, da es Ausgleichstendenzen herstellt und Positionen fördert, die wir in der bewußt erlebten Gesellschaft zu sehr vernachlässigen müssen. Durch das starke Kontrastverhalten entwickeln sich viele Verhaltensweisen. Denn durch die psychischen Ausgleichsreaktionen werden körperliche Ausgleichstendenzen enorm vermindert. Man will zwar immer etwas tun, kann sich aber nicht entschließen einen Anfang zu finden, sondern irrt immer wahllos umher. Dieses Ausgleichsverhalten psychischer Strukturrichtung ist eines der Ursachen, warum sich z.B. beim Fernsehen ebenfalls Tendenzen entwickeln Handlungen abzubauen, da alle ausgleichenden Tendenzen psychisch eingeübt werden. Würde ich versuchen meine Ausgleichspositionen über körperliche Tätigkeiten herzustel-

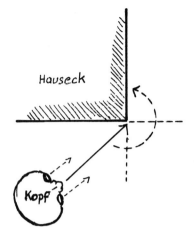

Förderung von Kontrastverhalten: Wenn wir ständig krampfhaft versuchen die Kontraststruktur, also eine spiegelsymmetrische Umkehrung herzustellen oder versuchen, hinter ein Hauseck zu sehen, dann verstärken sich die Kontrastverhalten. Ängste und negative Empfindungstendenzen werden enorm verstärkt. Wenn ein Pferd hinter einem umgefallenen Baumstamm einen Schatten sieht, kann sich solch ein Kontrastverhalten entwickeln, da es hinter dem Stamm etwas vermuten wird, wird es in dieser Situation, auch auf die Befehle des Reiters, gegensätzlich als üblich reagieren.

len, dann wären dabei zwei Momente zu beachten. Zum einen bräuchte ich einen wesentlich höheren Aufwand um eine Ausgleichstendenz erfolgreich herzustellen, sie würde sich dann aber verbindlicher eingraben. Zum anderen bedarf es einer gewissen Selbstfindung, wie ich diese Ausgleichstendenzen entwickeln kann, sie müßten sozusagen ohne Druck und spielerisch getätigt werden.

Aber nun zum eigentlichen Punkt. Mein Geschmack hat sich durch diese Rechtsstärkung und vegetative Aushemmung, indem ein stärkeres Kontrast- und damit auch Ausgleichsverhalten entwickelt wurde, wesentlich verändert. Gerade Colagetränke wirken enorm verändert im Geschmack. Früher, wenn ich Cola getrunken hatte, dann fühlte es sich immer so klebrig süß an. Ich hatte mich schon seit einiger Zeit darüber gewundert. So konzentrierte ich mich auf meine sämtlichen Empfindungen, vor allem im Geschmacksbereich. Aber auch Kaffee schmeckte mir nun ganz anders. Früher brauchte ich immer drei Löffel Zucker, da der Kaffee immer zu bitter war. Nun war ich schon mit zwei Löffeln zufrieden. Denn den Zucker scheine ich nicht so intensiv zu schmecken. Auch die Bitterstoffe, die im Kaffee sind, schmecken ebenfalls nicht mehr so intensiv. Ich hatte das Gefühl, daß verschiedene Empfindungen einfach verschoben sind.

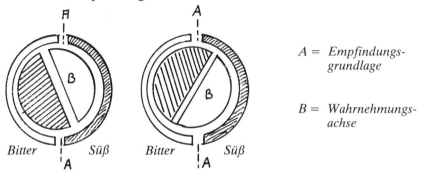

A = Empfindungsgrundlage

B = Wahrnehmungsachse

So hatte sich durch die Einblendung im Sehbereich dieses Kontrastverhalten auch im Geschmacksbereich übertragen. Beim Schmecken von süßen Sachen, baut sich ein Kontrastverhalten ein, indem durch die Gegenstruktur bitter unterlegt wird, so wirkt Zucker nicht mehr so süß. Zum anderen unterlegte ich dann Bitterstoffe ebenfalls mit süßen Empfindungen und dadurch wirkt auch der Kaffee nicht mehr so bitter.

Ich war mein Leben lang eine Linksstruktur und wenn ich ein Bedürfnis hatte, dann mußte ich es immer durch das Genießen von Süßstoffen oder psychisch ähnlich gelagerten Positionen erfüllen. Also süß ist ein linkstendenziöses Produkt. Während, wenn ich typische Rechtsstrukturen betrachte, wie z.B. meinen Vater oder meine Frau, sie neigen eher zu bitteren Sachen, wie Kaffee mit wenig Zucker oder Bier zu trinken, da sie ein stärkeres Kontrastverhalten haben. So empfinden sie bitter viel süßer und ausgeglichener als ich, der ja Zeit seines Lebens eine Linksstruktur und damit eine Zu-Struktur hatte. Besser gesagt im Moment hatte ich eine starke Rechtsstruktur und damit empfand ich zu dieser Zeit süß und bitter wesentlich ausgeglichener.

Man kann sich psychisch soweit bringen, indem man eine überstarke Kontraststruktur entwickelt, so daß bitter sich wie süß und süß sich wie bitter anfühlt. Wem ist es nicht schon passiert, daß man in Gesellschaft ein Glas nimmt, man glaubt Cola zu trinken. Da man aber nicht auf das Glas sieht, erwischt man mal aus Versehen Bier und das fühlt sich im ersten Moment komisch süß an, wenn man doch auf Cola eingestellt ist, man merkt dann gar nicht so recht, daß es sich um Bier handelt und hat nur das Gefühl, daß das Cola komisch schmeckt.

Diese Verwechslung ist nur möglich, wenn immer ein gegenstrukturiertes Empfinden als Gleichgewicht im Gehirn einprojeziert wird. Wenn man aber übertreibt und eine zu starke Rechtsstruktur entwickelt, dann hat dies aber viele Nachteile, denn auch Ängste bauen sich auf, da zu jeder Handlung ein Kontrastverhalten einprojeziert wird. Denn wenn das Kontrastverhalten zu real wird, dann wirkt es störend und viele psychische Verhaltensweisen lassen sich dadurch erklären.

Allgemein ist es besser, wenn eine Linkseinhemmung besteht, zumindest leicht, denn dann hat man immer eine positive, psychische Zu-Tendenz, die sich dann auch besser zum Leben hin entscheiden kann, als dagegen.

Aber auch hier besteht wieder die allgemeine Tendenz mechanischer Ursachen. Alles läßt sich nach diesen mechanischen Gesichtspunkten erklären, alle körperlichen sowie psychischen Eigenheiten.

Deshalb wirkt auch das Cola, das ja nun nicht mehr so süß, aber auch nicht mehr so klebrig wirkt, als das oft der Fall ist. Diese Klebrigkeit hängt aber nicht mit dem Geschmack zusammen, sondern mit der Fettabsonderung des Organismus. Denn durch eine aktive Rechtsstruktur und Rechtsanwendung verstärkt sich auch die Talg- und Fettbildung in allen Bereichen, wenn diese nicht wiederum einseitig durch andere Mechanismen blockiert sind. Diese starke Fettbildung kann zu intensiven Waschzwängen führen, denn die Hände wirken dann ständig kelbrig und schmutzig. Aber auch im Mund verändert sich die Speichelbildung, sie wird fester und klebriger, was dann auch zu dem Effekt führt, daß ein Getränk wie Cola, das ja vorher noch selbst klebrig wirkte, nun nicht mehr so empfunden wird. Die Verhältnismäßigkeit zwischen Cola und Speichel verändert sich. Geschmacksverstimmungen basieren auf einer ähnlichen Basis.

Ich habe das sehr häufig bei den verschiedensten Übungen feststellen müssen. Allgemein muß eine längere Zeit eine Strukturaushemmung und eine Rechtsverschiebung vorliegen, wobei auch schnelle Veränderungen hervorgerufen werden. Eine feste Struktur, vor allem eine solche, die geringe Schwankungen aufweist, merkt nichts von alledem, denn die Empfindungen passen sich bei langsamen Verschiebungen an und nur wenn eine Tendenz der Aushemmung oder Strukturverschiebung erfolgt, tritt die Wahrnehmung solcher Geschmacksverschiebungen ein. Also die Veränderung muß jeweils eine gewisse Tendenz haben, ohne die ist ein solcher Vorgang nicht wahrnehmbar. Wobei nun ganz deutlich klar wird, daß wir eigentlich gar nicht so recht sagen, was wir meinen, daß jeder nicht gleich empfindet.

Wie bei den Farben, die sich ebenfalls verschieben können und z.B. eine Gelbeinlagerung entsteht, einzelne Farben anders gesehen werden usw. Würde ein Mensch für Blau immer Rot sehen, für ihn würde es keine Rolle spielen, auch wir würden davon nichts merken, denn er würde bei Blau immer rot sagen, obwohl er blau sieht. Aber er würde dies ja nicht wissen, für ihn wäre rot blau und keiner würde etwas merken. Auffällig wird es nur, wenn Schwankungen bestehen oder wenn der Betreffende zwischen Blau und Rot nicht unterscheiden könnte. Dann würde es uns auffallen, aber sonst besteht da keine Möglichkeit. Wir würden also immer verschieden empfinden, doch wenn wir uns unterhalten würden wir immer das gleiche meinen. Das wäre dasselbe, wenn ich sage warum sagt man zu einem Haus „Haus" und warum zu einem Baum „Baum"? würde man zu einem Haus Baum sagen, würde man am Ende aber immer ein Haus meinen, wenn man Baum sagt. Also die Wörter würden sich zwar ändern, aber die Begriffe nicht und damit wären die Wörter ja wieder mit den Begriffen identisch.

Zurück zum Cola, das ja auf der zweiten und umgekehrten Strukturebene ganz anders schmeckt, da die Werte umgedreht sind. Es lassen sich aber die Werte nicht so einfach umkehren, daß man für bitter allein z.b. süß schmeckt.

Solche Versuche und Wirkungen können immer nur erkannt werden, wenn Getränke verwendet werden, die beide Elemente in verschiedener Konzentration in sich haben. Im Cola und auch im Bier, sind ebenso Bitterstoffe, wie süße Elemente, auch Wasser, das einen metallenen Geschmack projezieren kann, vorhanden. Wobei auch gegenüber von süß der Metallgeschmack mit liegen muß. Der Unterschied zwischen beiden Getränken liegt an sich nur in der differenzierten Verteilung dieser Geschmacksstoffe. Nur wenn beide in einem Getränk enthalten sind, wirkt eine veränderte Empfindung so, daß sich die Geschmacksnuancen verschieben. Bei reinem Zucker wäre das nicht möglich, da er keine Bitterstoffe enthält und eine totale Umkehrung nicht möglich ist, denn dann würden wir auf der gegenüberliegenden Positionsseite unseres Bewußtseins erfassen und wahrnehmen und das ist nicht möglich, da es die gegenüberliegende Seite ja nicht gibt, sie ist nur eine Multiplizierung der ersten.

Also, wir müßten einen Bereich wahrnehmen, der jenseits ist von dem, was wir als unsere Welt betrachten. So sind nur leichte Verschiebungen der inneren Positionsgrundlage möglich in dem Bereich des Unterbewußten hinein. Deshalb treten ja auch Kontrastvorstellungen in solchen Situationen auf, die einem das Leben unerträglich machen können.

Als ich seinerzeit die Versuche unternahm, um in meine Gegenstruktur vorzudringen, da hat sich oft mein ganzes Empfinden verändert. Cola wirkte nicht mehr so klebrig, wie ich schon erwähnte. Es schmeckt dann fast sauber, wie geschmackloses Wasser. Wie Wasser, das aber etwas bitter schmeckt, wenn man eine Linksstruktur hat. Wasser wirkt bei der Rechtseinhemmung süßer und da sich aber die Empfindung verschoben hat, verändern sich auch die Bedürfnisse. Süßes war mit der Linksstruktur noch bevorzugt, nun wirkt es peinlich unangenehm.

Das bedeutete nun, daß wenn eine Rechtsveränderung besteht, daß sich Tendenzen zur Rechtseinhemmung bilden. Süßes, je süßer es ist dann auch bitterer empfunden wird. Wobei bitter die Empfindung süß vermittelt.

Ist nun die innere vegetative Struktur abgetriftet, so daß die Werte einseitig in eine Richtung steuern, dann wird eine Rechtsstruktur immer mehr Bitterstoffe wollen, um süß empfinden zu können und das kann dann in Sucht ausarten.

Natürlich ist es bei der Linksstruktur, wenn sie nach links einscitig steuert, genau umgekehrt. Sie wird immer mehr Zucker haben wollten, um bitter zu empfinden. Bei den Suchtverhalten ist nicht nur allein der Alkohol die entscheidende Grundlage, es gibt genügend Colasüchtige oder Kaffeesüchtige. Übrigens, man kann auch einen Colarausch bekommen. Auch beim Kaffee gibt es Entzugserscheinungen, die nicht mit Schweißausbrüchen eingeleitet werden, sondern mit totaler Schlappheit.

Eine weitere Differenzierung will ich an dieser Stelle noch erwähnen. Es gibt eine Linkseinhemmung, wie das früher bei mir der Fall war. Dagegen steht die Rechtseinhemmung und die Strukturaushemmung insgesamt.

Das bedeutet, eine Linksstruktur braucht viel Zucker und neigt vorwiegend zu vergrößernden psychischen Tendenzen, ist also gutmütig und positionslastig; hat eine Zu-Struktur. Der gesamte vegetative Bereich, ob organisch oder psychisch-vegetativ, ist in allen Positionen im gesamten Organismus eingehemmt, die eine Linkstendenz aufweisen. Dagegen steht die Rechts-Einhemmung.

Eine Rechtsstruktur hat dagegen eine Tendenz zum aggressiven Verkleinerungsverhalten, auch eine stärkere Bedürfnisbasis zu den Bitterstoffen.

Die Rechts-Struktur neigt also dazu sich in alle Rechtspositionen einzuhaken. Natürlich sind diese Rechtspositionen der Körperseiten übergeordnet und in jeder strukturellen Einheit in allen Größenbereichen vorhanden, im strukturellen vegetativen Positionsraster. Bei einer vegetativen Aushemmung dagegen haken sich die bewußten Wahrnehmungen aus beiden Positionen aus, es kommt zur totalen Aushemmung. So kann eine gegensätzliche Verhaltensweise einmal eine Rechtseinhemmung bedeuten, aber auch eine vegetative Ausstrukturierung. Beides würde übergewichtige Linkseinhemmungen vermindern. Der Unterschied in einer reinen Rechtseinhemmung liegt darin differenziert, da eine Rechtseinhemmung mit aggressiven Verhaltenstendenzen einhergeht, die Gesamtaushemmung aber zur Energielosigkeit führt. Da beide Tendenzen Kontrastverhalten darstellen, sind hier Psychosen bei beiden möglich, wobei die tieferen in Verbindung mit Sinnlosigkeitsempfindungen in der insgesamten Strukturaushemmung zu finden sind.

Wie ich ja schon erwähnte, wird der Organismus als eine Außenwelt betrachtet im Gegensatz zum Bewußtsein. Eine Ausstrukturierung aus den organischen Positionen auch eine gesellschaftliche Ausbindung verursacht, ebenso ein Ausbindungsverhalten aus dem Leben und der Welt. In solch extremen Situationen, in denen eine strukturelle vegetative Ausbindung erfolgt, ist einem alles wurscht. Auch die Menschen und oft Freunde oder Bekannte werden einem ungeheuer lästig, man pfeift auf deren Meinung und jedes Telefonat oder klingeln an der Tür kann zum Alptraum werden.

Wie wir wieder mal deutlich erkennen, sind psychische Entwicklungen immer nur möglich, wenn eine mechanische vegetative Grundlage vorhanden ist. Wird eine vegetative Konstellation

hergestellt, dann folgen die psychischen Tendenzen und man kann eigentlich gar nicht gegen seine Psyche steuern, man steht da auf verlorenem Posten.
Eine andere Einstellung kann dann mit keiner Macht der Welt hergestellt werden, es sei denn, die vegetativ mechanische Grundlage wird gleichfalls verändert und dann wird eine neue psychische Tendenz entwickelt. Die alte kann dann nicht mehr zurückgeholt werden, auch wenn man das noch so will, es sei denn, die vorherige vegetative Mechanik würde wieder hergestellt.
Die Menschheit muß ihre Vorstellungen über die Grundlagen der psychischen Möglichkeiten vollkommen neu überdenken.

Flecken im Gesicht

Jeder hat bestimmt schon einmal rote Flecken im Gesicht bekommen. Es ist ein Phänomen, das wir alle kennen. Manchmal erscheint dies bei Krankheit aber auch durch Aufregung oder andere Streßmomente können sich im Gesicht, vor allem an den Wangen starke rote Flecken bilden. Sie stehen in Zusammenhang mit einer, durch entsprechende Reize verursachte vegetative Lockerung oder Ausbindung. Das heißt, wenn sich eine einblockierte vegetative Struktur lockert und sich die einzelnen Positionsgruppen in den Zellen mit verschiedenen Geschwindigkeiten drehen, tritt diese Differenz extrem stark auf. Man könnte auch sagen, es besteht eine Strukturbeschleunigung bei der aber einzelne untergeordnete Teile blockiert bleiben, sich nicht ganz lösen.
Ich hatte immer eine sehr starke Fleckenbildung an allen Hautbereichen, an den Händen und im Gesicht. Dies zeigte sich ganz besonders bei einer vegetativen Ausdrehung, wenn ich mich aufregte, der Kreislauf sich beschleunigte, wenn sich mein Positionsraster durch sich selbst drehte, sich die einzelnen Rasterpunkte

gegeneinander verdrehten, sich die Symmetrien verschoben und ihre Lage zueinander verdrehten.

Wenn ich an mein 16. bis 18. Lebensjahr zurückdenke, da wirkten viele Aktionspotentiale ganz anders auf mich als heute. Bei einer sportlichen Betätigung wurde ich innerlich reaktiv, das heißt, die gegensätzlichen Struktureinheiten waren nicht so sehr in sich einblockiert, ich kam leichter zum Ausdrehen und wurde danach locker und innerlich leicht.

Ich will hier wegen des allgemeinen Verständnisses noch kurz den vegetativen Ausdrehmechanismus beschreiben, wie wir ihn erleben können.

Eine blockierte Struktur wird gebremst, sie ist in sich selbst gehemmt und unreaktiv. Durch Aktivitäten oder verschiedene Verhaltensweisen wird diese blockierte, in sich verhakte Struktur beschleunigt und das führt erst einmal zu einem extremen Druck, wie ein Gitter, das sich in sich selbst verhakt. Die Haken spreizen sich und die Verstrebung wird erst einmal extrem zu einer weiteren Blockierung beitragen. Durch noch mehr Durchreibungsdruck wird die innere Spannung noch mehr erhöht, dann wirkt dies wie in einem Wasserkraftwerk, dessen Trafo einen Generator antreibt, der Energie erzeugt. Bei einer extremen sich ausdrehenden, aber noch blockierten Struktur wird in einem Höchstmaße Energie erzeugt, die sich durch spürbares Erhitzen, z.B. in der Atemluft deutlich zeigt. Die Atmung steigert sich bei einem solchen Spannungsverhalten bis sich dann eine vegetative Lockerung einstellt. Der Druck wird auf alle Positionsebenen gleichermaßen durch diesen Überdruck verteilt und so kommt es dann zum Aushängen aus diesen vegetativen blockierenden Prozessen, die Struktur kann in dieser Situation extrem ausdrehen, es bestehen danach keine inneren Widerstände mehr, die Atmung vermindert sich und wird wieder kälter, es kann in extremer Weise bei einem weiteren Ausdrehen Kälte in vielen Teilen des Organismus entstehen, die dann wiederum für Rheuma und andere

Krankheiten verantwortlich ist, deren Ursache in einer teilweisen Unterkühlung einzelner Zellbereiche oder Nerventeile liegt. Beim Asthmatiker ist es nun so, daß dieses Blockierungsstadium nicht überschritten wird, es kommt zur vegetativen Einbindung, die durch Streß, aber auch durch Anstrengungen hervorgerufen wird. Sozusagen zu einer Beschleunigung einer blockierten Struktur, die dann aber nicht zur Auflösung kommt, der tote Punkt wird nicht mehr überschritten. Jeder Sportler weiß, was es heißt, den Totpunkt überschreiten, ja für viele ist es ein wonnefühlender Moment, der sich wie ein wunderschöner Traum anfühlt, da man im Zustand des vegetativen Ausdrehens viel innere Wärme spürt und gleichzeitig das Gefühl hat, als würde man plötzlich leicht wie eine Feder, der Organismus nicht mehr an einem hängt, wie überflüssiger Ballast.

Ich hatte als Jugendlicher bereits Asthma und kann mich heute noch an diese Zeit sehr gut erinnern.

Zweimal die Woche war ich bei den Ringern in einem Verein in der Nähe meines Heimatortes, um dort zu trainieren. Mit meinem Freund trabste ich immer in dieses Training. Ich hatte ja eigentlich immer Sport vermeiden wollen, da ich dieses Herumgehüpfe eher verabscheute. Ich lief normalerweise am liebsten immer allein durch den Wald, sprang über Bäche und Gräben, versuchte Rehe zu beobachten, ihnen zu folgen, oder rannte wie ein Schnelläufer durch den Wald, um Pilze zu suchen, langsam konnte ich nie etwas machen. Vielleicht war es doch so, daß mir der Sport mit anderen Menschen als Leistungsansporn und zum totalen Austoben gefehlt hatte.

Denn gerade beim leistungsbezogenen Sport kommt man doch leichter zum vegetativen Ausdrehen, im Gegensatz zum selbstbestimmten oder selbstauferlegten Leistungsverhalten. Das selbstauferlegte Leistungsverhalten führt einige sehr negative Tendenzen in sich. Zum einen besteht die Gefahr einer Einhängung in einen Ablauf, aus dem man sich nicht so leicht wieder von selbst aushängen kann. Zum anderen besteht die Gefahr, da man ja zur Ausführung bringt was man zuvor denkt und sich zur Aufgabe gibt. Dann bei gedachten Aktionen lernen wird eine Einbindung herzustellen, sie ausführen will, obwohl sie das gedachte Stadium ursprünglich nicht überschreiten sollte. Bei einem einseitigen Strukturverhalten kommt es zur Einbindung, die Ausbindung kann dann aber nicht durch die eigene Person vorgenommen werden, so kommt es dann zu Dauerverhalten, die ein Unmaß an Bedürfnissen hervorrufen können.

Ich hatte mich seinerzeit einmal so sehr in den Mechanismus des Laufens eingehängt, daß ich in 15 Minuten nach Nürnberg gelaufen bin, was einer Strecke von ca. 13 km entsprach. Ich hatte seinerzeit eine Armbanduhr bekommen, darum weiß ich das heute noch so genau. Natürlich war ich nach dieser Tour geschafft, mit meinen 12 Jahren, die ich damals alt war.

Aber nun zurück zu den Ringern, da war ich schon um die 13 Jahre. Das Asthma zeigte sich nur zu bestimmten Zeiten im Herbst und im Winter, ansonsten hatte ich keine Beschwerden. So konnte ich auch ohne weiteres Sport betreiben, denn tagsüber, wie auch den ganzen Sommer blieb ich vom Asthma verschont.

Vor dem Ringen mußten wir immer ein Lockerungstraining absolvieren, das immer eine Stunde dauerte. So liefen wir in der Halle, drehten die Arme, machten Kniebeugen, wir wurden ganz schön getrimmt bei diesen Übungen. Nach ca. einer halben Stunde setzte dann bei mir eine allgemeine Atemnot ein, es war, als wenn man atmen will und alle Kräfte die man hat, drücken gegen dieses Bedürfnis. Es war, als wenn sich die Atemwege entzündeten und mit jedem Atemzug würde man wie mit einem Reibeisen über die wunden, entzündeten Bronchien raspeln. Ich versuchte mir nichts anmerken zu lassen und das war gerade das, was mich seinerzeit doch ganz gut in der vegetativen Ordnung hielt. Denn hätte ich meine Beschwerden vorgebracht, man hätte mich aus der Gruppe genommen, es wäre nicht wie dann später zur Ausdrehung, zur Ausstrukturierung und zur Gesundung gekommen. Ein junger Mensch baut einen starken Hormonhaushalt auf, wenn er in Aktion tritt. Deshalb kann und muß man Blockierungen des vegetativen Bereichs in der Jugend bekämpfen, denn wenn das nicht der Fall ist, verliert man ein Regenerationspotential, das sich im alter nicht mehr aufholen läßt.

Ich machte also weiter bis zu einem Punkt, der sich fast nicht überwinden ließ, eine nahezu totale Blockade. Mit aller Gewalt versuchte ich mich durch diese Blockade, die in mir wie eine Wand war, als wolle man durch sich gehen und drückt immer stärker durch sich durch und die Wand steht, man hat das Gefühl, man trete auf der Stelle, bis dann der tote Punkt überwunden ist. Dann entwickelt sich alles ins Gegenteil um. Der Organismus fängt plötzlich an locker zu werden, die vegetativen Positionen lockern sich, drehen sich aus. Man wird leicht, die Atmung tut sich auf, Schleim drückt aus den Ästen der Bronchien, Schweiß bildet sich ganz weich, die Haut bricht auf, wird zart und von einem feinen Talg und Fettfilm bedeckt. Wärme bricht ein, von innen her baut sie sich wonnig in das Gestrüpp der Knochen, Adern und Zellen ein.

Ich muß sagen, daß ich in dieser Zeit, in der ich bei den Ringern war, keine Probleme mehr mit dem Asthma hatte. Dieses Ausdrehen war bei jedem Training. Seinerzeit konnte ich die Zusammenhänge leider noch nicht verstehen und schmiß das ganze hin, als man mich mit dem damaligen deutschen Meister in den Ring stellte, der eine wesentlich größere Gewichtsklasse hatte als ich und mir voll auf die Gurgel gefallen war, daß ich aus dem Ring mußte. Der Kreislauf war mir fast zusammengebrochen, ich hatte keine Lust mehr.

Später nach vielen Jahren, als ich so schwer an Asthma litt und die Verkrampfungen spürte, einblockiert war, schwang ich mich vor lauter Aggression gegen mich selbst aufs Fahrrad oder wollte einen Gewaltlauf machen. Die Blockade baute ich immer tiefer

auf und der Punkt, der für das Ausdrehen notwendig gewesen wäre, den konnte ich nicht mehr erreichen, diese Chance hatte ich mir selbst genommen. In dieser Situation hatte mir die sportliche Betätigung nicht mehr geholfen, eher geschadet.
Aber zurück zu den Gesichts-Flecken. Wenn sich eine vegetative Einhemmung bildet, dann blockiert sich der gesamte Organismus. Es beginnt bei der Atmung und in den meisten Fällen wird bei Atmungsverspannung Asthma diagnostiziert. Durch Medikamente wird diese Einblockierung aufgehoben, das ganze System gelockert, indem es aber gebremst wird. Es kommt nicht zur gewaltvollen Positionsdurchdrehung und die ist wichtig, wenn wir länger gesund bleiben wollen.
Ich will dies hier nun deutlicher beschreiben, da es ein Thema ist, das viel mehr Menschen betrifft, als sie erahnen. Denn es gibt auch die Möglichkeit, daß eine Verspannung, die immer mit einer Atmungserhöhung gekoppelt ist, nun wieder aus den Bronchien ausgetragen wird und so baut sich das Verspannungspotential an anderen Stellen auf, wobei ein Endpunkt des vegetativen Verspannungsaufbaus in den meisten Fällen die Hände und die Füße sind. Viele Frauen neigen besonders dazu durch Hormonverschiebungen den Atmungsbereich und bestimmte Konzentrationspotentiale frei zu halten, so daß eine vegetative Verspannung bleibt, sie aber in andere Bereiche weitergegeben wird. Wenn sie sich nun in der Peripherie einbindet, dann bauen sich im Muskelgewebe Spannungen auf, die mit Kribbeln einhergehen, auch heiße ausgetrocknete Hände und Füße sind ein Merkmal dieser peripheren Einhemmung. Man möchte dann immer die Füße versetzen, findet aber keine optimale Lage, dann baut sich in diesem Falle ein starkes Bewegungsbedürfnis auf.
Es gibt aber auch Menschen, die atmen stark, also über dem Normalniveau, das der Körper braucht, bauen keine Blockade in der Atmung und auch keine in den Händen und Beinen oder sonst im Leib auf. In diesem Falle wird sich, wenn vegetative Blockierun-

gen vorhanden sind, diese in die Haut, in den letzten Endpunkt des Körpers eintragen, das äußert sich, indem die Haut selbst dikker und aufgeschwemmter wird. Die Poren treten deutlich aus, die Hautfarbe ist ganzflächig gleich. Die Haut ist bei diesen Menschen sehr biegsam und dehnbar, sie kann extrem verschoben werden.

Durch mein Asthma und die vielen Varianten, die ich ausgeübt hatte, entstanden auch viele Situationen, in denen dieses System deutlich wurde. Wenn ich z.B. sehr häufig das Asthmaspay genommen hatte, dann drehte die Struktur schneller aus, wurde eher lockerer und das führte zu einer dünnen Haut, wobei Spannungen im Gewebe die Hände doch etwas aufquollen. Die nächste Variante war die, bei der ich versuchte so lange wie möglich ohne Spray auszukommen und mittels vieler Übungen die Spannungspotentiale zu verlagern, dann wurde die Haut oft dicker und etwas gequollener. Die Atmung bewegte sich in dem Bereich, bei dem ein Atmen gerade noch möglich war, sie war auch wesentlich übersteigert. Wenn ich in solch einer Situation das Asthmaspray nahm, dann lockerte sich die Atmung auf, da aber die vegetativen Blockierungen sehr stark eingetragen waren, lösten sie sich nicht sofort insgesamt auf. Man läßt sich ja immer sofort fallen, wenn in dieser Situation, nach der Einnahme von Medikamenten, eine Lockerung eintritt und dann gibt sich diese vegetative Verspannung augenblicklich in die Füße, in denen ein Bizzeln einsetzt. Sie werden unbequem und Hitze, unangenehme Hitze, die nach innen gedrückt wird, kommt sehr stark zur Geltung. Man spürt auch beim Einnehmen des Asthmasprays die vegetativen Verdrehungen sehr deutlich.

Die weitere und extremere Variante wäre aber die, indem das Spray verweigert wird und versucht wird, die vegetativen Blockierungen insgesamt mittels Durchdrehen der Positionsgrundlage herzustellen. Das geht ohne nennenswerte Veränderungen, wenn es am Tag geschieht, da tagsüber die extremen vegetativen Blokkierungen meist ausbleiben. Wenn sich aber nachts eine vegetative Einhemmung manifestiert, dann wird sie sich schleichend über viele Stunden hinweg entwickeln. Das vegetative Drehverhalten kann dann in diesen Stunden so extrem gebremst werden, so daß diese Blockade durch die Wegnahme des Bewußtseins extrem tief erfolgen kann, es kommt dann zur Lähmung, die sich in allen Bereichen sehr intensiv einbringen kann, also in der Atmung, in dem Musekgewebe, in Händen, in Beinen und in der Haut. In allen Bereichen des Organismus besteht dieses vegetative Blockadepotential. Man wacht dann auf und hat im ersten Moment nur die Kraft mit dem kleinen Finger zu wackeln, mehr ist fast unmöglich. Man muß sich psychisch erst vorbereiten, um überhaupt aufstehen zu können, versucht man trotzdem schlaftrunken mit Gewalt aus dem Bett zu kriechen, dann dauert es bis man richtig wach wird. Wenn man erst eine Tasse Kaffee benötigt, um seine innere Lockerheit wiederzufinden, dann verbessert man seine Gesundheit nicht mehr im Schlaf, es tritt das Gegenteil ein, er verursacht eine Lähmung. Wenn man sich dann am Morgen in den Spiegel sieht, dann denkt man oft, da steht doch jemand anders vor dem Spiegel, da die Haut aufgequollen ist, die Poren wirken grob und ekelhaft.

Nun tritt aber bei einer vegetativen Lockerung eine Veränderung ein. Diese ist wiederum abhängig, wie tief wir eingehemmt waren und wie intensiv diese Lockerung ist. Denn wie man sagt, „je höher man steigt, desto tiefer fällt man", trifft dies auch für diese Situation zu. Je stärker die Einhemmung, desto größer die Lockerungsmöglichkeit. Je stärker die Lockerungsmöglichkeit und die Tendenz die damit zusammenhängt, desto größer sind die vegetativen Reaktionen.

Wenn die Haut zuvor einblockiert war und schwammig dick geworden ist, darauf eine sehr starke vegetative Lockerung erfolgt, dann verdreht sich der vegetative Positionsraster so stark, daß gegensätzliche Aktivverhalten in der Haut, auch im Muskelfleisch entstehen. Je schnellerdrehend nun diese gegensätzlichen Positionsverdrehungen sind, desto größer die Reaktionsdifferenzen einzelner Teile dieser Einheiten. Es kommt zur Fleckenbildung, so daß in den einzelnen Zellteilen eine Blutverminderung (Beschleunigung) erfolgt, in den anderen eine Blutfülle (Bremsung). Alle Positionen verschieben sich während dieser Positionsdurchdrehung. Einzelne Teile dieser Zelleinheiten speichern Säure, andere dagegen wiederum Fette und nun verstehen wir, was passiert, wenn sich diese Positionsbrechungen für einen kurzen Moment zu extrem entwickeln, dann brechen Teile in ihrer inneren Grundlage zusammen, es kann zu Pickeln kommen, auch diese Fisteln in den Schleimhäuten entstehen auf dieser Basis. Wobei bei dieser Variante diese Strukturverdrehungen in sehr kleinen Zelleinheiten stattfinden.

Es gibt aber auch gesamtheitliche Brechungen, die die gesamten Körperseiten betreffen und wesentlich größeren Struktureinheiten unterliegen. Ein Beispiel zu dieser Variante liegt in der Entstehung der roten Wangen. Bei dieser Variante werden komplexere Strukturen, wie auch die kleinen, so umgebrochen, daß über eine andere Symmetrieebene umgebrochen wird (siehe Areaktionslehre IV, Seite 13). Der höchste positive und negative Hauptkonzentrationspunkt tritt immer nur an einer Stelle (Positionsgefälle) hervor. Es ist ein kontinuierlicher Verlauf und damit auch ein gesamtheitlicher, den ganzen Organismus betreffender, während die einzelne Brechung eine Verdrehung der einzelnen Teile darstellt, jede Zelle und Zelleinheit für sich. Wenn wir uns sexuell betätigen, dann werden derartige vegetative Strukturlokkerungen erreicht, einmal durch die hormonelle Aufrüstung im Organismus, die die symmetrischen Möglichkeiten lockert, zum anderen durch die überstarke kurz anhaltende Aktivität beim Geschlechtsverkehr z.B. wird ein überstarkes Ausdrehen der Struktur verursacht. In der Kürze liegt die Würze. Denn wenn der Geschlechtsverkehr sich unendlich hinauszögert, werden die gesundenden Momente wieder einblockiert und das steigert das Sexualbedürfnis mit unter ins unermeßliche. Durch die Überbetonung der Sexualität wird eine Verstärkung derselben erst richtig herangezüchtet. Ähnlich wie mit dem vegetativen Strukturverhalten, wie ich es in Band III beschrieben habe. Sexualität bedeutet ein vegetatives Zu-Verhalten. Durch die Steigerung desselben wird aber das Zu-Verhalten weiter verstärkt, es kommt zu einer Umkehrung und einseitigen Zu-Verlagerung, und nicht zu einem Ausgleich. Wie ein Pferd, das zu laufen beginnt, sich nicht mehr aus diesem Prozeß aushemmen kann und durch das Laufen das Bedürfnis des laufens erst richtig verstärkt. Es müßte dann immer schneller laufen, bis es irgendwann tot umfällt. So ähnlich ist es mit der erzwungenen und übertriebenen Sexualität. Ich will hier aber die nicht ansprechen, bei denen ein starkes Kontrastverhalten besteht, denn sie würden immer abgeneigter, je mehr sie mit Sexualität konfrontiert würden.

Also die gesündeste Variante ist die, es einfach zu machen, schlicht, intensiv und kurz, dann liegt in diesem Vorgang ein Potential, das einem die ewige Jugend geben kann. Wer aber keine roten Wangen mehr bekommt, hat bereits ausgespielt, bei ihm wird der Geschlechtsverkehr nur noch seicht und verliert seine überaus gesundenden Potentiale.

Nun verstehen wir sicher auch, daß bei sportlichen Betätigungen an sich ein latschiges Dahinlaufen überhaupt nichts bringen kann, wenn man lasch und locker vor sich hinjoggt ohne Höhepunkt. Man braucht selbsttragende Energien, für kurze Zeit, als ob einem jemand mal kräftig einen Schubs gibt, nur dann lassen sich vegetative Einblockierungen aus ihrer Verankerung bringen und es kann ein Ausdrehen erfolgen, das einem ein auf den Boden gepreßtes Körpergewicht wieder unspürbar wegnehmen kann.

Anders ist es auch nicht mit den Pferden, auch hier hatte ich in Band I bereits einiges geschrieben. Sie drehen sich auch in einer Partnerschaft mitunter das Hinterteil zu, um so zu tun als wollten

sie sich Schläge androhen, nicht weil sie sich nicht mögen, sondern der Freundschaft und vegetativen Lockerung wegen.
Zur Zeit beschäftige ich mich sehr intensiv mit dem Verhalten von Libellen. Bei ihnen geht man auch davon aus, daß sie Luftkämpfe ausführen und sich der Konkurrenz wegen bekämpfen, ihr Revier verteidigen. Wer ein guter Beobachter ist, wird sehr schnell feststellen, daß diese wunderschönen Tiere gar nicht so aggressiv sind, als man annimmt. Daß sie eher sportliche Wettkämpfe durchführen, wenn sie 30 bis 40 Meter weit in höchster Geschwindigkeit, oft nur wenige Zentimeter voneinander entfernt, durch die Luft schießen. Sie aktivieren sich und treiben sich gegenseitig an, geben Ansporn, um höchste Fähigkeiten zu erlernen, sich aktiv und beweglich zu halten.

Hautflecken treten besonders bei extremen vegetativen Lockerungen bei vermindertem Muskeltonus auf.

Das Fell dieses Hirsches hatte sich einst auf der Grundlage eines vegetativen Positionsrasters entwickelt, indem die hellen Flecken ein differenzierendes inneres Strebungsverhalten zum braunen Untergrund in einer bestimmten Ordnung hatten. Es handelt sich um ein stabiles Gefüge, das Tier behält diese Fleckung das ganze Leben bei.

Bei einer Pintostute, die einen starken Araber-Einschlag hat, werden die dunklen Flecken im Alter heller. An der Brust ist dies deutlich zu sehen. Da es sich um ein vegetativ besonders lockeres Tier handelt, das sehr beweglich Haken schlagen kann und auch psychisch etwas unberechenbar ist, wird dies verständlich, denn durch ihr psychisch/vegetatives System baut sich diese Tendenz auf, daß die schwarzen Stellen immer mehr helle Flecken bekommen, was auf einen aktiven schnelldrehenden Positionsraster deuten läßt.
Braunweiße Schecken dagegen haben diese Farbveränderung nicht, sie sind auch vegetativ und psychisch eingebundener und unbeweglicher, deshalb auch steuerbarer.

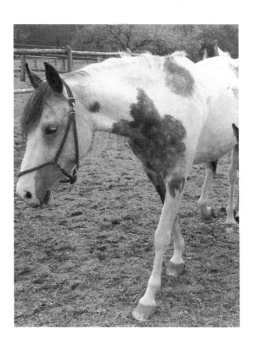

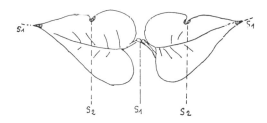

Sterbende Blätter:
Auch hier bei diesem Blatt zeigt sich, wie es beim Verwelken nich in einem bestimmten Bereich beginnt abzusterben. Es baut ein gleichmäßiges Positionsgitter auf das ganze Blatt verteilt auf, so daß an vielen einzelnen Teilen dieser Zelleinheiten gegensätzliche Tendenzen der Zerstörung auftreten, was auf gegensätzliche Strebungen in den Blattteilen zurückzuführen ist. Beim Flieder ist dies anders. Wenn sich die Blätter zerstören, dann zerbrechen sie erst an einzelnen Stellen, da ein Positionsgefälle besteht, die Belastung an ganz bestimmten Bruchstellen am größten ist.
Diese Bruchstellen haben dann die extremsten gegensätzlichen Strebungen und stellen ein symmetrisches Übertragungssystem dar.
Wie die Zeichnung zeigt, gibt es den S1-Bruch, der die spiegelsymmetrischen Einheiten trennt. Aber auch ein weiterer Bruch, der B2-Bruch wird hier deutlich, der diese Einzel-Hälften wiederum noch einmal in der zweiten Symmetrieebene teilt. Dieses Prinzip hatten auch die alten Ägypter erkannt und ihre Lehre darauf aufgebaut. Für uns ist es der Übergang zum letzten Kapitel dieses Buches, indem ich die komplexen Symmetriebrüche noch abschließend behandeln will.

Der S2-Bruch

In den letzten Kapiteln dieses Bandes will ich noch auf einige deutliche, erkennbare Merkmale eingehen, die eine Bestimmung zulassen, wie sich ein Organismus innerhalb vegetativer komplexer Brüche anwendet.

Wie wir in diesem Buch gelernt haben, besteht der vegetative Positionsraster aus sehr kleinen Strukturbrüchen, aber auch große komplexe Symmetriebrüche der inneren Ausrichtung des Wassermoleküls können vorhanden sein, wie das eben beim Flieder deutlich wird. Wir können das mit einer Gitarrensaite vergleichen. Durch ihre gesamte Länge und Spannung wird ein ganz bestimmter Ton erzeugt. Aber in der Unterteilung bestehen noch weitere Toneinheiten, die ebenfalls in diesem Gesamtton enthalten sind und so ein ganz bestimmtes Frequenzmuster erzeugen. Das bedeutet, daß sich die Gesamtschwingung einer Gitarrensaite in viele kleinere Frequenzen und damit Schwingungen aufteilt, sie alle zusammen geben einen ganz bestimmten Ton mit vielen Frequenzen. Im Gegensatz zum Synthesizer, bei dem man auch reine Töne erzeugen kann, die aber dann leer und stumpf wirken.

Eine Gitarrensaite zerlegt sich in viele kleine Schwingungen und bildet so ein ganz bestimmtes Frequenzmuster aufgrund der Länge des Materials, der Stärke und des Resonanzkörpers.

Auch das gesamte Spannungsfeld des Körpers stellt im Prinzip nichts anderes als ein komplexes Schwingungsfeld, vor allem der Wassermoleküle, die durch die Wasserstoffbrückenbindung eine elastische Schwingung erzeugen, dar. Dieses gesamte Spannungsfeld unterteilt sich ebenfalls in große komplex gebrochene Ein-

heiten, die eine Übertragung verursachen und deshalb, so wie sich diese Übertragungen bewegen, symmetrische Reaktionen in diesem System verursachen. Es gibt dabei zwei grundsätzliche große Brüche, den S1-Bruch, der die Körperseiten trennt und den S2-Bruch, der diese Seiten wiederum bricht.
Der S2-Bruch manifestiert sich in einer komplexen Struktur und wird durch die Empfindung verschoben und manifestiert. Es ist also ein loses Bruchsystem, das sich je nach Körperlage und Empfindung verändern kann. In der organischen Struktur hat dieser Bruch aber auch eine feste Basis und Einarbeitung.
Wenn wir die Augen einer Katze betrachten, werden wir sehr deutlich sehen, daß die Pupille nur einen sehr engen Spalt hat. Es ist derselbe Bruch, wie wir ihn durch die Nerventrennung der Retina besitzen. Er teilt die Nervenbereiche in zwei Blöcke auf, wobei sich die inneren Nervenstränge im Hirn überschneiden und zur gegenüberliegenden Gehirnhälfte geleitet werden. Die äußeren Nervenstränge dagegen werden auf dieselben Gehirnhälften übertragen, zu deren Seite auch das entsprechende Auge gehört.

Der Spalt des Katzenauges stellt den S2-Bruch dar, wobei die Ausrichtung im Hydrowinkel liegt, da dadurch die geringste Spannung besteht.

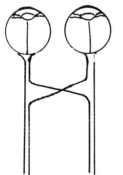

Durch die Trennung der Nervenbahnen im Augapfel wird der S2-Bruch deutlich.

Wenn wir nun erkannt haben, daß es den S2-Bruch gibt, können wir ohne weiteres auch einen Schlüssel entwickeln, wie wir erkennen können, welche Anwendung innerhalb dieses Bruchsystems bei einem Organismus hergestellt wird.

Jeder Arzt weiß, daß bei Blutdruckmessungen an beiden Armen verschiedene Werte auftreten können. Auch unsere Gehirnseiten sind verschieden durchblutet. Dieses Phänomen ist nichts neues. Da die linke Seite allgemein die stabilere ist, wird der Blutdruck auch links gemessen. Da liegt man auch vollkommen richtig, denn die linke Seite ist nach der Areaktionslehre auch die Seite, die bei den meisten Menschen vorwiegend aktiv ist, vor allem im Wachzustand, wenn das Bewußtsein arbeitet.

Es ist die Dauerbelastungsseite und deshalb erhält man auch links stabilere Werte. Wie wir später noch sehen werden, ist dies auch durch die innere Mechanik bestimmt, denn die linke Seite ist meist gerade ausgerichtet, wobei die rechte meist verdreht zur linken empfunden wird. Meist im Hydrowinkel und auch einen doppelten Wert besitzt, also extrem zwei gegensätzliche Strebungsverhalten entwickeln kann.

Allgemein ergeben sich aber durch diese Aktivitätsverschiedenheit der Körperseiten sehr viele Verhaltensstrukturen der inneren vegetativen Funktion des gesamten Organismus.

Wenn wir den S2-Bruch kennen, dann werden wir noch eine weitere Unterteilung feststellen können, denn nicht nur allein die beiden Körperseiten zeigen zwei verschiedene Aktivwerte auf, auch jede Körperseite für sich hat deshalb in extremen Verhaltensmustern ebenfalls noch eine weitere Unterteilung in der inneren Spannung, die sich aber nicht durch die herkömmliche Methode, z.B. der Blutdruckmessung, erkennen läßt, da bei ihr der Wert des gesamten Armes gemessen wird und nicht nur ein Teil davon. Hätte man eine entsprechend feine Meßmethode, würde man feststellen, daß z.B. der innere Teil des Armes einen anderen Blutdruckwert hat als der äußere.

Als ich meine Hände genauer nach diesem Schema untersuchte, stellte ich fest, daß die Adern an beiden Händen ganz verschieden hervortreten und nicht spiegelsymmetrisch zueinander ausgerichtet sind.

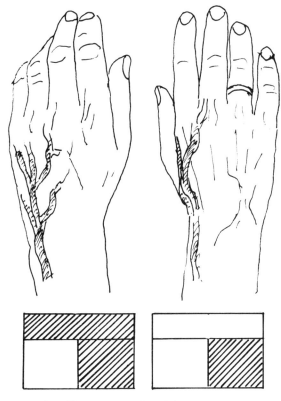

starkes Hervortreten der Adern

Ich gehe von einer Linksöffnung aus. Das heißt, die linke Seite ist bei mir aktiver als die rechte, was sich anhand der Nasenöffnungsvariante erkennen läßt. Zwischen den Brüchen bestehen nun gesamtstrukturelle innere Spannungsausrichtungen, indem beim nach unten Halten der Hände die Adern aufgrund dieser inneren Spannungsausrichtungen gedehnt werden. Bei meiner linken Hand war es ursprünglich so, daß auf der linken Seite die Adern stark heraustraten, während auf der rechten Seite keinerlei Adernerhöhungen zu erkennen waren. Am rechten Handrücken dagegen traten die Adern noch stärker als auf der linken Hand hervor und das wiederum auf der linken Seite, während aber an der rechten Seite der rechten Hand ebenfalls ein Adernaustritt zu sehen war, jedoch wesentlich geringer. Also bestand auch hier wieder ein Gefälle von links nach rechts in jeder Hand, aber auch in der Gesamtheit beider Hände. Das bedeutete, daß zwischen rechter und linker Hand eine symmetrische Kopplung in der Aktivität bestand, aber auch eine weitere Symmetrie ist jeweils in der rechten und linken Hand deutlich. Wobei sich diese weitere Symmetrieordnung so entwickelte, daß rechte und linke Hand hintereinander geschaltet sind, also eine verdrehte Symmetrie darstellt, im Gegensatz zu einer Spiegelsymmetrie wie wir sie uns normalerweise vorstellen.

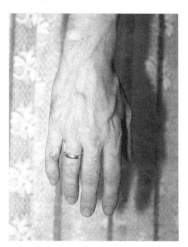 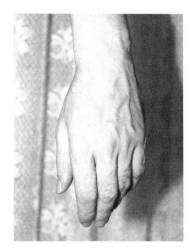

Rechte Hand   *Linke Hand*

Der stärkere Adernaustritt war bei mir rechts innen und der geringste links innen. Was auf eine einseitige und asymmetrische Anwendung des Bewußtseins hindeutet. Da sich eine solche Anwendung über Jahrzehnte vollziehen kann, gräbt sie sich auch in das ganze Gewebe ein. Die Adern waren auch links innen tiefer gelegen und waren deshalb auch wesentlich schwieriger auszumachen. Durch viele Übungen, die mit einer Rechtsstärkung in Verbindung stehen, konnte ich einen Ausgleich schaffen, in der Form, daß eine gleichmäßigere Spannung der Adern deutlich

wurde. Die der linken Hand innen wurden nun sichtbar. Daß es sich aber um eine Veränderung handelte, die positiver Natur war, hat sich nicht gezeigt, im Gegenteil.
Bei einer radikalen Strukturveränderung und dem Verstärken der Rechtspositionen treten sehr starke psychische einseitige Reaktionen auf. Da dadurch das Kontrastverhalten gefördert wird, steigen auch Ängste auf, die ein Unwohlbefinden und eine große Unzufriedenheit zur Folge haben können. Wenn sich also einseitige Strukturanwendungen im Laufe vieler Jahre gebildet haben, sind damit entsprechende charakterliche Eigenschaften verbunden, die in Harmonie mit dieser vegetativen Anwendung stehen und wir können sie dann nicht so ohne weiteres ändern, ohne dabei Gefahr zu laufen, extreme Störungen heraufzubeschwören.

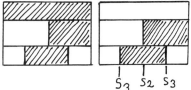

Dieses Bild zeigt die linke Hand einer jungen Frau, die eine ähnliche Strukturanwendung besitzt wie das bei mir der Fall ist.
Links innen geringer Adernaustritt, rechts innen etwas stärkerer Adernaustritt.
Wobei hier aber eine zweite Variante noch dazukommt, da die Adern im Mittelteil beider Hände noch zusätzlich stark hervortreten.
Asymmetrische Strukturanwendungen weisen auf Menschen hin, die meist schlank und etwas größer sind, oft sensibel reagieren, hohe bewußte Konzentrationen herstellen und leicht zu einer Einblockierung kommen. Asthma und Allergien sind häufig.

Ein weiterer Typ ist der, wie ich schon erwähnt habe, der rein mittig angelegt ist. Das heißt, er verwendet die S2-Brüche ausgeglichen auf beiden Körperseiten.

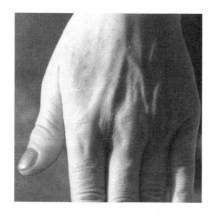

Die Adern treten jeweils in der Mitte des Handrückens deutlich hervor und werden nach außen hin flacher. Es ist der Typ, der vegetativer funktioniert und eher zu einem stärkeren Muskelaufbau neigt, der Typ, der impulsiver reagiert und meist wie z.B. beim Autofahren stärkere Aggressionen entwickelt, also auch schneller und rasanter fährt.
Es gibt viele Merkmale, die darauf berechnet werden können, aber auch hier gibt es Dieferenzierungen. Da, wie nach diesem Schema zu erkennen ist, auch viele Überschneidungen vorhanden sein können und beide Systeme oft in einer Person in verschiedenen Varianten vorhanden sind.

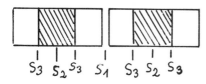

S_3 S_2 S_3 S_1 S_3 S_2 S_3

Bei der mittigen Ausrichtung kommt noch ein weiterer Bruch, der S3-Bruch dazu, den wir auch in der Akupunktur kennen, er stellt eine weitere Unterteilung der vegetativen Symmetriebrüche dar.

Das Fell im Gesicht dieser Katzenart bricht sich auf der Grundlage des vegetativen Positionsrasters.
Es bildet ein Schachbrettmuster und stellt eine symmetrische Übertragung dar.

Foto – Max Fayfer

Horussöhne

Darstellung der Horussöhne

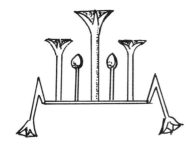

Lilien in Säulen und Reliefs

Krone der Gattin Tut-Anch-Amuns

Die vegetativen Brüche sind besonders häufig in Reliefs und Ornamenten altägyptischer Könige enthalten. Die vier Horussöhne sind ein solches Beispiel. Ihre Farbzusammensetzung stellt das gleiche Bruchsystem dar, wie das bei einem zu bewußt konzentrierten Organismus der Fall ist. Wenn man weiß, daß diese vier Horussöhne aus Horus heraus entstanden, wird verständlich, daß es sich um komplexe Einheiten eines Ganzen handelt, die ein inneres Gleichgewicht herstellen sollen. Viele Kronen, z.B. die des Tut-Anch-Amun und seiner Gemahlin stellen in der Mitte den großen Hauptbruch, sowie daneben die S2-Brüche dar, wobei hier deutlich wieder der Hydrowinkel eingearbeitet ist.

In Lilien und anderen Blumenformen finden wir diese Struktur wieder, indem der S1-Bruch als der große Bruch dargestellt ist, die S2-Brüche als Nebenbrüche und die S3-Brüche oft als Knospen an den Außenseiten nach Rückwärts gerichtet ausgearbeitet sind.

Wir finden diese Schemen in fast allen Reliefs und Darstellungen wieder. Durch viele andere Beispiele und Themenbereiche wird bei der altägyptischen Kultur deutlich, daß es sich um eine Heilslehre handelte, die auf einer inneren mechanisch vegetativen Basis und auf der Grundlage des Hydrowinkels beruhte.

Vegetative Einwirkungen schon vor der Geburt

Ich war mein Leben lang eine Links-Struktur und nach den Berichten meiner Eltern schon seit meiner Geburt so veranlagt. Das bedeutet aber auch, daß meine linksstrukturierte Anwendung keine Sache des Gens allein sein kann, sondern mit der Anwendung, wie ich mein Leben benutzt habe, und die Weichen für diese vegetative Anordnungen schon vor meiner Geburt erhalten habe. Wenn ich die Adern an meinen Händen betrachte, dann ist ihr Verlauf auch nicht symmetrisch zueinander. Sie wachsen in die Gesamtstruktur meines Organismus ein, so wie die Adern eines Blattes in die Form des Blattes einwachsen und sich entsprechend der äußerlichen Bedingungen differenziert entwickeln.
Jeder Mensch hat eine ganz bestimmte strukturelle Anwendung, die sich fest in das Spannungspotential des Körpers einbaut, auch der Mutter. Jeder, der mit elektromagnetischen Messungen und Wellen zu tun hat, versteht, daß ein Spannungsfeld, das ein anderes Spannungsfeld umschließt, eine exakte Beeinflussung des beinhaltenden Spannungsfeldes bewirkt. So ist auch für ein Embryo entscheidend, wie sich die Mutter während der Schwangerschaft anwendet, denn sie kann durch ihre Anwendung auf den vegetativen Symmetriebrüchen das Wachstum und die Gesundheit des Embryos beeinflussen und entsprechend verändern.
Viele Positionen können sich deshalb aufgrund der Anwendung der Lebensstruktur entwickeln und verändern. So scheint mir auch die arterielle Anordnung am Aortenbogen aufgrund des inneren Aktivverhaltens einer lebenden Struktur zu entwickeln. Denn da gibt es verschiedene Möglichkeiten und Varianten.
Sollte sich dieses so bestätigen, dann könnte man anhand des Aortenabgangs damit auch eine ganz bestimmte Strukturbestimmung vornehmen. Das würde aber eine Reihe Untersuchungen bedürfen, die ich nicht durchführen kann.

Symmetrischer Bruch innerhalb der Körperseiten

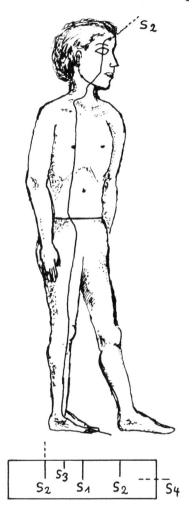

Haupt-Meridian in der Akupunktur: Symmetriebrechung einzelner Körpereinheiten.

In der klassischen Medizin wird ja immer behauptet, daß für die Meridiane in der Akupunktur keinerlei Hinweise in den Nervenverbindungen und Anordnungen gegeben sind. Man sieht keine Zusammenhänge zwischen der meridianen Ordnung und den Kenntnissen über innere sehbare und trennbare Einheiten im Organismus. Allgemein besteht ja ein Unterschied zwischen den Nervenbahnen und den vegetativen Struktureinheiten und das ist auch außerordentlich wichtig. Stelle man sich vor, der vegetative Positionsraster wäre identisch mit den Nervenbahn-Aufteilungen, er würde sich so intensiv in das organische Gewebe einnehmen, daß, wenn z.B. eine Schädigung eines Teil dieses Gewebes vorhanden wäre, es zum Ausfall der Position in der vegetativen Positionsgrundlage käme und ein anderer

Teil des Organismus könnte dann diese Funktion nicht übernehmen. Wir wissen das ja aus vielen Beobachtungen der Hirnfunktion. Fällt ein Teil des Hirngewebes aus, dann ist es möglich, daß ein anderer Teil diese Funktion übernimmt und alle anderen Teile müssen dann sozusagen aufrücken. Da ist nur möglich, wenn zwischen der organischen und der vegetativen Struktur eine lose Verbindung besteht. Die Positionen können sich anpassen, sich verschieben, verdrehen, haben aber auch feststehende Anhaltspunkte, über die man über organische Schnittpunkte an diese Positionseinheiten herankommt.

Betrachten wir das Schema des Positionsrasters, der ja aus Links- und aus Rechts-Positionen besteht. Allgemein sind diese Positionen über die beiden Körperseiten verteilt, das heißt, in der rechten Körperseite sind zur Hälfte Links- und Rechts-Positionen und in der linken Körperseite ebenfalls. Die Verbindung ist lose. Es besteht aber die Möglichkeit, über die rechte Körperseite, durch eine kurze strukturelle Einhemmung, in alle Rechts-Positionen einzugreifen. Die Einhemmung ist beim gesunden Menschen nur sehr kurz und gleicht sich nach einem kurzen Angleichungsprozeß sehr schnell wieder aus, die Positionen verdrehen sich dabei.

Will man nun dauerhaft einwirken und die Rechts-Positionen beschleunigen oder in eine andere Richtung steuern, dann muß man ständig einwirken und es genügt nicht eine Übung einmal zu machen und dann bleibt diese Stellung erhalten. Nein! Das haben wir bei meinen vielen Übungen immer wieder in Band I der Areaktionslehre gelesen, daß sich eine vegetativ beeinflußbare Übung immer wieder umkehrt. Sie wirkt für kurze Zeit, dann läßt der Mechanismus nach, wird unreaktiv und es muß immer wieder eine andere Übung gefunden werden und wieder die gleichen Tendenzen, um gleiche vegetative Veränderungen hervorzurufen. Wobei ich hier kurz sagen muß, wenn man die endgültigen mechanischen Grundlagen bedient, dann natürlich ist die Reaktion immer und verbindlich.

Das Leben wendet sich aber nicht exakt steuerbar an. Da niemand die Grundlagen kennt, wird eben geübt, werden unterbewußt Versuche gemacht. Jede Handlung, jede Geste oder Eigenheit in den Bewegungsabläufen stellt ein System dar, das eine vegetative Reaktion hervorrufen soll, aber meist immer nicht exakt und so wird um die eigentliche gezielte Beeinflussung herumgeübt. Man macht viele Umwege und wendet sich sozusagen meist immer im Kreis herum an. Kommt also sehr häufig gar nicht an das Ziel und deshalb entstehen die vielen vegetativen Übersteuerungen, die dann sehr starke Dränge verursachen können.

Also es gibt organische Anhaltspunkte, über die man in die vegetative Positionsgrundlage eingreifen kann. Wobei es sich bei diesen Punkten um Positionen handelt, an denen strukturelle Überschneidungen vegetativer gegensätzlicher Einheiten vorhanden sind, diese mit nervalen Brechungen verbunden werden können und dann reaktiv ausgenutzt werden. Wobei es sich bei diesen Überschneidungslinien um symmetrische Brechungseinheiten handelt.

Wenn wir uns mit den Sehbahnen, also den Nerven und deren Verbindungen zum Großhirn befassen, dann stellen wir fest, daß das Sehbild so angeordnet ist, daß das wahrzunehmende Bild aufgrund dieser Sehnervenbereiche getrennt geleitet wird. Der Sehnerv teilt sich in zwei Gesamtheiten beim Eintritt in den Augapfel auf. Es besteht ein Schnitt in der Vertikalen, was ich bereits mehrmals behandelt habe.

Wenn wir einen der wichtigsten Meridiane der Akupunktur betrachten, dann stellen wir fest, daß es sich um eine vegetative Schnittstelle handelt, da er ganau dort erkannt wurde, wo anscheinend doch ein derartiges Bruchmuster im Gesamtkomplex einer lebenden Einheit vorhanden ist. Der Meridian verläuft genau durch das Auge, dort wo dieser vegetative Funktionsbruch am deutlichsten ist, dann läuft er über das Jochbein, wobei bei starken vegetativen Drehungen in diesem Bereich durch Unterkühlung an derselben Stelle sehr häufig Schmerzen auftreten können, die sich tief im Knochen anfühlen. Der weitere Verlauf dieses Meridians entwickelt sich über den Eckzahn, das ist auch der Grund, weshalb bei vielen Tieren dieser Zahn besonders ausgeprägt sein kann. Ich will auf die Bedeutung dieses Meridians als Evolutionsträger hinweisen. Er kann vermindert oder verstärkt sein, je nachdem wie die inneren Drehverhalten zwischen den äußeren und inneren Strukturteilen drehen, gehemmt oder gelockert sind. Dieser Meridian verläuft dann wahrscheinlich über die Schilddrüsenlappen hinweg und bei einer gesamtheitlichen Verdrehung der Strukturen wird auch eine Beeinflussung erzeugt, so daß einzelne Teile der Schilddrüse gehemmt und andere wieder gefördert werden. Es ist ja auch sehr schwer, vor allem im Anfangsstadium anhand der Symptome eine exakte Diagnose zu erstellen, ob es sich um eine Hyperthyreose oder eine Hypothyreose handelt. Desweiteren verläuft dieser Meridian über die Brust den Bauch hinab und über die Hüfte etwa in der Mitte des Hüftknochens entlang bis in den Fuß hinein.

Strukturbestimmung durch die Zahnstellung

Wenn die ersten – auch die zweiten Zähne gebildet werden, dann entwickeln sie sich von ihrer Breite her aufgrund der Abmessungen des Kiefers während des Heranwachsens. Der Kiefer verändert sich aber bei vielen Menschen. Bei Kindern natürlich besonders stark durch das Wachstum bedingt. Gerade beim Kleinkind, das seine ersten Zähne erhalten hat, wird die Vergrößerung des Kiefers sehr deutlich, die Zähne behalten dieselbe Größe, so daß Lücken zwischen den einzelnen Zähnen entstehen.

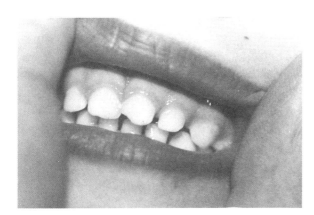
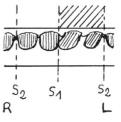

Zahnstellung eines $3^1/_2$-jährigen Kindes

Vegetative Strukturdrehungen, die in die körperliche Struktur eingebunden sind, zeigen sich deshalb besonders intensiv, da sie durch das Vergrößern des Kiefers sehr leicht in die Zahnstellung hineingetragen werden und die Ausrichtung der Zähne verändern. Die Zahnstellung des $3^1/_2$-jährigen Jungen besagt, daß die Zahnreichen des Unterkiefers gerade ausgerichtet sind, daß die Positionen, die mit dem Unterkiefer in Verbindung stehen keine Einbindung in eine der Symmetrieebenen erfahren haben. Dagegen zeigen sich am Oberkiefer starke Verdrehungen der Zähne

auf der linken Seite zwischen dem S1- und dem S2-Bruch (Eckzahn). Es kam zu einer innerstrukturellen Einbindung der vegetativen Drehverhalten und zu einer Blockierung des Bewußtseins auf der linken Seite, was auf eine hohe Bewußtseinseinblockierung in diesem Bereich hindeutet.
Kinder, die solche oder ähnliche, ungleiche Verschiebungen der Zähne aufweisen, sind prinzipiell zu sehr stark bewußt eingebunden, was bedeutet, daß sie sich in Vorstellungsprozesse zu sehr einblockieren und auch leicht in zu hohen Aktivstrebungen verstrickt sein können. die Streßbedingungen sind hoch und führen unter Umständen zu starken Blockierungen im psychischen sowie im körperlichen Bereich. Zusätzlich ist ein leichtes Überschneiden der Schneidezähne zu erkennen, das ein leichtes Zerbrechen der spiegelsymmetrischen Positionen im S1-Bruch bedeutet.
Diese versetzte Symmetrieausrichtung kann man auch bei Erwachsenen, vor allem bei Frauen an Röntgenbildern, dort wo sich die Beckenknochen zusammenfügen, erkennen. Auch hier liegt eine Brechung der Spiegelsymmetrie vor und die Körperseiten wenden sich dann nicht mehr symmetrisch an, sondern sind sozusagen in Reihe geschaltet (Drehsymmetrie).
Auch im alten Ägypten war man sich anscheinend dieser Positionen bewußt und hat viele Abbildungen so angefertigt, daß die Hände nicht spiegelsymmetrisch dargestellt wurden, sondern in Reihe geschaltet. So wurde Tut-Anch-Amun grundsätzlich, sofern es sich um eine einseitige Darstellung handelte, immer mit zwei rechten Händen abgebildet.
Viele Reliefs stellen das Prinzip dar, indem die Gesamtheit auf eine Strukturebene oder Körperseite gebracht wird, da sie ihre Symmetrie verliert und dadurch das Prinzip höchsten Bewußtseins darstellt.

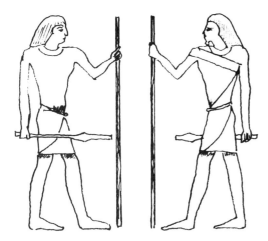

Prinzip ägyptischer Darstellungen

Zwei Fotografien, die für einige Hundert weitere stehen, die ich zur besseren Analyse angefertigt habe.
Die Fotos sind nicht gestellt und aus allen möglichen Handlungen heraus entstanden.
Eines wird hier verdeutlicht, daß es bei einer bewußten Konzentration immer zu einem ganz bestimmten Einbindungssystem innerhalb der vegetativen Symmetriebrüche kommt. Einerseits baut sich ein differenzierendes Muster zwischen dem rechten und linken Teil der Hand auf.

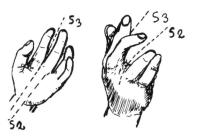

Auch im S3-Bruch der sich allgemein zwischen dem Zeigefinger und Mittelfinger manifestiert, kommt es zu einer sehr starken Einbindung und damit zu einer weiteren Symmetrischen Ausrichtung der Finger aufgrund der elektrischen Spannungspotentiale, die durch die Einlenkung über das Bewußtsein in diesem Bereich hergestellt werden.

Diese Einbindung in den S3-Bruch ist eine der Hauptursachen für ein psychisches und vegetatives Ungleichgewicht, das die Hauptkonzentration auf den Zeigefinger legt.

Wir zeigen sozusagen psychisch auf ein Problem und halten den Finger drauf. Es ist eine typische einseitige ungleichgewichtige aber konzentrierte Handlung.

Nun, die letzte entscheidende Information, die ich deshalb in diesem Buch weitergeben will, liegt wieder in einem Grundprinzip altägyptischer Reliefs und Darstellungsweisen. Die Ägypter hatten dieses Problem schon vor 5000 Jahren erkannt und versuchten von diesem Zeitpunkt an nahezu alle Abbilder so zu konstruieren, daß die Handhaltung ein Prinzip darstellte, um diese strukturelle Einbindung zu verhindern.

Sie nahmen den Daumen als Zeigefinger, als Konzentrationseinheit, und setzten so den S3-Bruch oder dessen einseitige Anwendung auf den S1-Bruch, also auf den Bruch, der die Körperseiten trennt.

Wenn wir mit dem Daumen ein Ziel anvisieren, dann haben wir das Gefühl, daß wir es gleichgewichtig abwägen. Gerade wenn wir abwägen, verwenden wir, wenn wir einen Finger zuhilfe nehmen, den Daumen. Wenn wir einseitige Tendenzen aufbauen und ein Urteil bereits in uns gefestigt haben, dann verwenden wir den Zeigefinger. Durch das Zeigen mit dem Daumen wird auf den inneren Konzentrationspunkt ein Gleichgewicht aufgebaut und einseitige Tendenzen gemildert. So werden auch Blockierungen vermindert, da Blockierungen immer auf einer einseitig ungleichgewichtigen Tendenz aufgebaut sind. Durch die Übertragung dieser Handhaltung, wie sie die ägyptischen Könige ihrem ganzen Volk durch die Darstellung proklamierten, griffen Sie in einem Höchstmaße in deren Psyche ein und stellten so eine gleichgewichtige Tendenz des gesamten Volkes her. Denn schon allein die unterbewußte Wahrnehmung dieser Handhaltung kann sich tief einstrukturieren und sogar im Traum viele lockernde Tendenzen verursachen, da gerade gedachte Vorstellungen mehr Wirkung haben, als die tatsächlich ausgeführten.

Natürlich wirken derartige Mechanismen im besonderen, wenn sie über starke selbsttragende Kräfte entwickelt werden und einen hohen psychischen Stellenwert haben. Solche hohe Trägerfunktion kann der Glaube und die ständige Vorstellung bewirken, daß die Anonymität einer Person aufgehoben wird, indem daß da jemand allgegenwärtig ist und diese Formen struktureller Anwendung immer und immer wieder vermittelt.

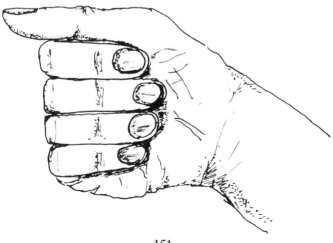